続・椎野先生の「林業ロジスティクスゼミ」

IT時代の
サプライチェーン・
マネジメント改革

椎野 潤 著
Jun Shiino

林業改良普及双書 No.189

まえがき

世界は、今、激動の時代を迎えています。凄い速さで変化しています。この激動する世界の姿を、林業関係の方々に、お知らせする小文を月刊「現代林業」に連載し始めたのは、2年ほど前の2016年5月です。第4次産業革命と呼ばれている、産業の急進化の姿を、異業種の先端企業の動きを通じて、毎月、お伝えしてきました。そして、最初の連載10回分をまとめて、「林業改良普及双書№186　椎野先生の『林業ロジスティクスゼミ』ロジスティクスから考える　林業サプライチェーン構築」として出版したのが、2017年2月でした。

この第1弾の連載が終了した時、もう少し続けてほしいという読者の声は、大きかったのです。それで、続「林業ロジスティクス」ゼミを、2017年5月から、10回の予定で、「現代林業」に連載を始めました。これが、2018年2月で終了しましたが、これをまとめて出版することになったのが本書です。

第1弾目の連載は、私が予想を、はるかに超えて、林業関係の皆さんに、熱心に読んでいただけました。私は、この第1弾の連載で、林業創生の頂上を目指す山道の入り口には、辿り着けたと思いました。ですから、次の第2弾目では、もう少し内容を深化させ、具体化させたいと思っていました。

それには、何が一番大事かと考えたとき、やはり、それはリーダーだと思いました。それで、初回は、現在の日本の大リーダーについて書きました。取り上げたのは、日立製作所と富士フイルムです。日立は、あれだけの大組織を、次世代製造業へ大転換させようとしています。また、富士フイルムは、今は、実体がなくなってしまったフィルム産業のフィルムの語を、社名から外すこともなく、世界を担う産業として、一番注目されている次世代医療産業の、世界のリーダーになろうとしています。日本の林業も、今までの林業の常識を超えて、次世代産業に転換しようとしているのですから、同じようなリーダーが必要なのです。その勇気と決断力が求められているのです。

これを書いている内に、日本の現実は、人口減少で、極めて、厳しい状況を迎えていることに気がつきました。しかし、このピンチをチャンスにして、挑戦している人たちもいるのです。次は、この人たちを取り上げました。

さらに、産業を次世代産業に、大転換させることを目指すのなら、他産業で、同じようなことに挑戦している事例を、調べた方が良いと思いました。そこで、アパレル産業の次世代の姿を目指して改革を進めている、ユニクロを取り上げました。

毎日、ブログを書いていますと、「日本人は凄い」と言う、世界の識者の称賛の言葉を、よく耳にします。「空気を読める」、「和の社会を作れる」のが凄いと言うのです。今、世界では、各地で戦争が起きています。これをなくして平和な世界にするには、「和の社会を築く」必要がある。そのために「空気を読める」能力は、最も重要であると言うのです。

しかし、一方で私は、日本人のこの美質には、その裏に、重大な欠点があると考えていました。すなわち、「空気を読む」「皆が動かないから、自分も動かない」。結局、積極的に動かないのです。決めるべきことが、常に先延ばしになります。そんな時、中国で、スマホアプリへ、8億3000万人もの人が、2年ほどの間に乗り換えたと聞いて、愕然となりました。中国は、規制の整備ができていないからだと、言われますが、「空気を読む」「和の社会を作る」美質を大事にした上で、そんな大転換を、そんなに短期間で、できるのだろうかと考え込んだのです。

こんな時に出会ったのが、インフルエンサー・マーケティングでした。これは強大なリーダーによるトップダウンではなく、フェイスブックや、ツイッター等のSNS上に、インフルエンサーというサイト上の人気者がいて、このおびただしく多数のインフルエンサーが、社会の流れを変えるのです。これは「口コミ」のインターネットによる拡大版です。1人のインフルエンサーの影響力は、数千人程度ですが，これが多数集まり巨大な力を発揮するのです。言わば「集団で空気を変える」のです。「空気を読んで動かない」日本人を動かす力があるのです。

また、「日本人は凄い」という中で、今までとは違った視点が出てきているのを知りました。「ユーズト・イン・ジャパン」の視点です。これは「メイド・イン・ジャパン」ではないのです。真面目な日本人が使った中古品は、品質が良いと、日本人が使った中古品が、世界で引っ張りだこなのです。輸出に新しい視点が出てきていることを知りました。

また、産業を改革していくのに、どうしたら良いかについて「スモール」と言う語に着目しました。この語が示しているのは、大企業、大組織の視点を離れる必要性です。地域創生などでは、この視点が重要です。

連載の最後に、産業の大改革は、どうやって進めていけば良いかを考えました。そこで突き当たった大きな壁は、人間の「儲ける」ことに対する本能でした。そして、これは大企業の中でも、常に、全体最適を目指すときの障壁になっていました。世界各地に展開して行く企業は、部門間、海外拠点との間の壁による情報の遮断に苦しんでいました。企業内サプライチェーンマネジメントの構築は、難しかったのです。

高度経済成長時代の頂点から末期にかけて、日本を代表する世界企業は、皆、これと苦闘していたのです。各社は、サプライチェーン・マネジメント本部（SCM本部）を作り、社内の世界中に存在する壁を打破し、透明情報を流通させる体制作りに全力を挙げていました。この各社の頑張りの記録を、この書の最終章に書いています。

この企業内改革を、小企業の集まる産業の改革に読み代えれば、日本林業の創生の先行モデルとして読むことができます。

本書の内容は、このように多岐にわたっていますが、大きいグループはもとより、凄く小さいグループまで、自グループと自グループの周りの改革を目指しておられる方々が、身の回りの物事への応用を考えて読んでいただければ、大いに参考になると思います。有効にご活用いただけることを期待しています。

2018年2月　椎野　潤

目次

目次

第3回

第5回　林業成長への道　ロジスティクスと人づくり

透明情報の原点　非コントロール型の情報戦略　110

第6回　日本社会の変化　「非雇用」の進化形
―シェアリング・エコノミーの可能性を探る　128

第8回 「スモール」にこそ飛躍の可能性
—地方創生の技術・経営イノベーション 162

第9回　ＩＴ時代のサプライチェーン・マネジメント改革
―企業連携を創る人間集団の形成法則を探る①　178

第10回　ＩＴ時代のサプライチェーン・マネジメント改革
―企業連携を創る人間集団の形成法則を探る②　197

第1回

林業成長への道　ロジスティクスと人づくり

勇気と決断―激しい産業変化時代への対応

新しい旅立ちへの出発

私は、日本は大事な転換点にいると考えています。それで、今、考えておかねばならないことを、関心を持ってくれる人たちに伝えておかねばならないと決意して、毎日、ブログ（注1）を書いています。また、今の日本にとって、林業が凄く大事な時にきていると思っています。それを重要と思っている林業関係者に、未来に向けて伝えておきたいことを書き留めたのが、「椎野先生の『林業ロジスティクスゼミ』」（注2）でした。

2016年5月から2017年2月まで、月刊誌「現代林業」（全国林業改良普及協会）に10

回の連載をしました。林業関係の方々は、私が期待していた以上に、強い関心を寄せてくださいました。私の歩いてきた道をたどりながら稿を進めました。必要な文献を引用しながらお話をしていきました。その結果、私が古くに出版した本（注3）を多くの方が読んでくださるようになったのです。

このゼミを連載した「現代林業」の編集をされている、白石善也さんや岩渕光則さんのところに寄せられる質問や激励の言葉も、回を追うごとに増えていきました。そして、これを著書にまとめて後世に遺してほしいという声も高まり、「椎野先生の『林業ロジスティクスゼミ』ロジスティクスから考える林業サプライチェーン構築」（注4、参考文献1）の出版の運びになったのです。

講演会での講演

これを、県内の関係者に聴かせたいという強い要望があり、２０１７年1月末に、新潟県へ講演に行きました。講演では「椎野先生の林業ロジスティクスゼミ」の内容を要約してお話ししました。お話を進めていくうちに、会場に集まった方々の眼が凄く輝いて来るのがわかりました。演者としても凄く手応えを感じたのです。

講演の最後に追加の時間をいただき、この時注目の的だった、米国のトランプ新大統領と日本の関係、特にその中で、日本の林業がいかに大事かをお話ししました。そして「それを担っていっていただくのは皆さんなのです」と熱い思いでお話ししました。この時の会場の眼の輝きは凄かったです。私は、この時のことを忘れることができません。

講演から帰ってから数日後、「林業復活・地域創生を推進する国民会議」(注5)から講演依頼を受けました。日本の山に官民合同で、スギ、ヒノキを植えて、ようやく育ち収穫期になり、これから元気に出発しようとしている日本の林業が、唸りをあげて胎動しているのを感じています。

新しい連載の出発

こうして、大きな盛り上がりが感じられる最近ですが、今、日本の林業にとって、結局、何が一番大事なのか。どこから始めたら良いのかという質問が、現代林業の編集部を通じて、多く寄せられるようになりました。そこで、これについて編集部の皆さんと深く考えて議論を重ねています。そして、この議論の中身を広く読者の方々に公開した方が良いことに気がついたのです。すなわち、その答えを探す旅へ旅立つことにしたのです。「椎野先生の続・『林業ロジスティクス』ゼミ」（注６）、10回の講義のスタートです。

激変する世界の産業　鍵を握るリーダーの先見の明　勇気と決断

世界の産業は、今、激変の時代を迎えています。このような時代に、世界の変化に遅れずについていき世界を牽引していくには、そのグループ（国、産業、企業）のリーダーの先を見る眼と勇気と決断が極めて重要です。今回はここから話を始めましょう。具体的な事例を示し、それに沿ってお話ししていきます。

日立製作所の選択と集中

２０１６年６月に開催された、日立製作所の株主総会（注7、参考文献2）は、注目されました。この株主総会で、東原敏昭社長は、２０１９年３月期の経営目標として、売上高は横這いにして、利益率は米国のゼネラル・エレクトリック（ＧＥ）を目視して、現状の２倍の８％にすると宣言したのです。

日立製作所は、これまでの「製品を売って利益を得る」製造業を脱却して、「自社の進んだ製品を納品することで、客先に利益を生ませ、その利益に対する成功報酬を受け取る」サービス製造業に変身すると表明しました。

これは「モノ」づくり企業だった日立が、「利益獲得」の「コンサルタント」企業に転換するということです。ここで、本気で変わらねばならないのは営業です。この営業の発想転換と営業活動の切り換えのために、この経営目標は重要なのです。営業は、売上げを増やすことはしないで利益率を上げることに専念しろと言うのです。

営業マンにとっては、「その利益率の獲得はとても無理だから、少なくとも売上げだけは上げておきたい」というのが本音でしょう。これは社長にとっても同様であり、営業本部長、営業部長とて同じでしょう。しかし、この甘えを社長は断固として切り捨てました。

営業は、今までと同じように自社の製品を売りに行くことができなくなりました。コンサルタントにならねばならないのです。今までのように、自社の製品の性能とコストの自慢をするのではなく、それを使って利益を出すことを身をもって示さねばなりません。そう変換せざるを得ないような経営目標なのです。

この発想転換のため、海外で新たに２万人の営業マンを雇用しました。世界にいる13万人の営業マンを、15万人にしました。国内の２万人の営業マンに対しては、今春、その発想転換と営業技術の再習得のための大研修（注８、参考文献３）を実施しています。

今、世界の産業は大変革しています。それに対する対応として、「選択と集中」を各社が挙げています。しかし、問題はその中身です。その点、日立製作所は明確でした。「選択」は「利益率」です。「集中」は「利益率」だけに集中すれば良いのです。これを目指して、今、世界の次世代技術の流行の中心になっている人工知能（ＡＩ）によるＩｏＴ（あらゆるモノをインターネットでつなぐ）を使って利益目標を達成するのです。

この株主総会はこの「ＩｏＴ」という言葉一色になりました。東原社長が「ＩｏＴ」を使えば、利益率８％は必ず達成できると明言したからです。これで株主は、日立の未来に「大きな夢」を持ちました。従業員全員も同様でしょう。

日立の連結９４７社、グループ全体の従業員33万人の歴史的な大転換が見ものです。その結果をみれば、変化の時代のリーダーの重要性が、さらに明確に見えてくるでしょう。

フィルム産業消滅の中で、社名から「フィルム」を外さず改革に挑んだ富士フイルム

フィルム産業そのものが消滅していく中で、「富士フイルム」という名のままで、新産業への転換に挑んだ富士フイルム（注9、参考文献4）の姿は印象的です。一昔前には、富士フイルムは米国のコダックと並んでフィルム産業の覇者でした。しかし、写真機がデジタルカメラに変わるにつれ、フィルム産業は消滅していきました。そして、そのデジタルカメラも今や、スマートフォン（スマホ）にその地位を奪われています。

会社の存続を考えるとき、自社の属する産業が消えることほど、残酷なことはありません。富士フイルムは、そこを乗り越えて生き残った企業です。今やヘルスケア産業、特に、先端医療薬品産業で世界を牽引する一社になろうとしています。これを成し遂げるため、経営者は何をしてきたか、その勇気と決断に敬服します。

この富士フイルムの経営者の決断を、わかりやすく示す資料があります。2015年5月3日のビジネスジャーナルの「富士フイルムの大ばくち　巨額赤字企業買収が波紋『再生医療世界一』へ英断or暴挙」と書いた記事です。これは、セルラー・ダイナミクス・インターナショ

ナル（ＣＤＩ、注10）を買収したときの記事です。
このＣＤＩは、世界で初めてヒトのＥＳ細胞（注11）を開発した、ウィスコンシン大学のジェームス・トムソン教授らが、２００４年に設立した会社です。この会社は、ｉＰＳ細胞（注12）を大量に、かつ安定的に製造する技術を確立し、これを強みにしていました。富士フイルムは、このＣＤＩを約３７０億円で買収したのです。

この会社は次世代医療に向けた技術開発においては偉大な業績を持ち、これからも大発展が期待される会社でした。しかし、一方でＣＤＩは、２０１４年度の業績は３０００万ドル（約36億円）の赤字でした。株式市場関係者の間からは、大きな不安の声も聞かれました。大変に有望な企業ですが、現状は巨大な赤字を抱えていたからです。すなわち、この買収は、大きなリスクを負った勇断でした。これは富士フイルムの社長の大勝負でした。この勇気と決断に、今日の富士フイルムの原点があるのです。

そして、この勇断の総まとめのように、２０１６年12月には、武田薬品工業の特別の子会社和光純薬工業（注13、参考文献４、５）を買収しました。しかし、この和光純薬工業は、武田が高額な資金を手に入れられることを見込んで、手放す決断をした重要な子会社です。ですから、重要技術を持っていることは確かでした。したがって、この企業を欲しがるところは多かったのです。激しい争奪戦になりました。

ここでは日立製作所の子会社の日立化成、米投資ファンド、カーライルグループと競合になりました。富士フイルムは、この競争の中で2000億円を投じて競り勝ちました。

ここで買収を決めた和光純薬工業は、研究用試薬の国内最大手です。難病治療の鍵を握る、ES細胞やiPS細胞に使う試薬について有望技術を持っています。この技術は、抗体医薬品やゲノム薬品の新世代医薬品の開発に強い意欲を持っている富士フイルムにとって、極めて重要な技術でした。

ここまで来て、ようやく富士フイルムの「総合ヘルスケア企業」への脱皮は、その先に灯りが見えてきたのです。

ところで、この和光純薬工業の売却を決断した武田薬品工業のクリストフ・ウェバー社長（注14、参考文献6）の決断も、また、凄いのです。ウェバー社長はイギリスのグラクソ・スミスクライン社から、武田が招聘した社長で、日本企業の外国人社長として、注目されている一人です。

和光純薬工業は、早い時期から武田製薬工業が、会社の未来をかけて開発していた化学薬品部門を独立させた子会社で、今日まで武田を未来に向けて牽引してきた会社です。今日でも創業家が役員におり、「この会社の売却は100%ない」と事情を知る関係者からは言われていました。

そのような売れないと周囲が見る会社ですから、買う方はなんとしても欲しいと思う会社でした。武田は有望ベンチャーを1兆円を超す資金を投じて買収する計画を立てていましたから、どうしても手元に現金が欲しかったのです。ですから、売るなら高く売れるものを売るしか方法がありません。これをあえて売った会社も買った会社も、共に凄い会社なのです。どちらの経営者の勇気と決断も光ります。

消えていく産業　機械と電機の異業種部品産業の統合―ミネベア+ミツミ電機

さらに劇的な統合もあります。ミネベア（注15、参考文献7）の創業はベアリング会社です。今でも直径22㎜以下の小径のベアリングでは世界一です。しかし、歴史の途中では新産業を次々と起こし、一時は、ミネベア航空という自社専用の航空会社を持つまでに成長していました。しかし、この時挑戦した新産業は、どれもものにならず消えていきました。

一方のミツミ電機（注16、参考文献7）は、さらに劇的です。フロッピーディスクの全盛時代には、多くのパソコンメーカーの委託生産（OEM）（注17）を受託して製造していました。しかし、パソコンのデータ量が増大し、フロッピーディスクでは、データが収まらなくなり、フロッピーディスクは使われなくなりました。それで、この市場は消えていきました。次は携帯電話の電源装置、ACアダプタ（注18）をつくりました。しかし、日本の携帯電話は世界標準から遊離してしまいました。これはガラパゴス携帯（略称「ガラケー」）（注19）と呼ばれました。この「ガラケー」の製造中止でこの市場も消えました。さらにゲーム機の任天堂の受託生産のほとんどをミツミが占めていた時期がありました。しかし、台湾に台頭した低コスト部品会社にその受注を奪われました。すなわち、3度も市場が消えた中で生き残ってきたのです。

ミツミは最近、ミネベアと合併しています。精密機械生産産業のミネベアと電機機器部品産業のミツミ電機の合体は、技術も発想も異なり、新しい産業をつくるのではないかと期待されています。期待が大きいのは違う業種同士の合併だからですが、それだけ両社の従業員は、合併後大きく変わらねばなりません。この変化の激しい世界で、生存していくにはとにかく大変なのです。

激変する産業の中で湧出する有望ベンチャービジネス　発掘するアマゾン

新しい世界を切り開く先導者は、実は、大会社の大研究所の中より小さいベンチャー企業の中に生まれやすいのです。日本の若いベンチャーの才能を見極める感性は、中国の大企業の経営者の方が鋭敏なようです。

小さいベンチャーのバロックジャパンリミテッド（注20、参考文献8）は、中国の靴専門の大手、百麗国際控股（ベル・インターナショナル）（注21）に見出され、個性ファッション店を、急拡大させています。どうも、このような若者の鋭い感性は、日本国内では資金を持っている経営者にその才能を認められるのは難しいようです。このようなベンチャーを発掘して、資金を提供して育てる人が日本でも出てこないのかと歯がゆく思っていましたが、アマゾン・ドット・コム（以下、アマゾン）がこれを始めてくれました（注22、参考文献9）。

「他社にはない、新しい機能や使い方ができる商品を持つベンチャーを探し出したい」とアマゾンは表明しています。第1弾として、この専用サイトでは250種類を扱います。落とし物を防ぐ機能を持った機器とか、スマートフォン（スマホ）でカギを開けられる「スマートロック」（注23）など、家具やファッション関連の商品が中心です。ここには家電量販店などの実店舗では、買えない商品が多いのです。

生産をするための資金が足りないベンチャーには、アマゾンが融資します。また、日本にはブランド力がなく、販路開拓に困るベンチャーも少なくないのです。アマゾンの支援が得られれば、成長のきっかけをつかめると期待されます。

最近、金融（ファイナンス）と技術（テクノロジー）を合成させた言葉、フィンテック（注24）が、注目を浴びています。産業の境界がなくなってきていますが、ここではついに、文系（ファイナンス）と理系（テクノロジー）が合体したのです。

ここでは最近、注目される企業連携がありました。金融業界は、古くからのしきたりがあり、その壁は確固たるものがありました。この金融業界で、わが国の業界の3巨頭、三菱ＵＦＪ、三井住友、みずほが連帯して、小さなベンチャー企業の技術の上に乗ったのです（参考文献10）。その会社の名前は「ビットフライヤー」（注25）で、２０１４年1月に設立した小さい会社です。この会社が、日本で最初に仮想通貨ビットコイン取引所を開設した会社であり、技術的にも3

大メガバンクの系列のＩＴ大企業では対応できないのです。

銀行には、銀行法という厳しい法律があります。それは動かし難い存在でした。この法律では、健全性の維持などの観点から銀行は事業会社に５％まで、銀行持ち株会社でも15％までしか、出資できませんでした。しかし、２０１７年春には、フィンテック企業を買収できる改正銀行法が施行されます。

本当に、驚くべき早さで、古くからの確固としたものと思われていた壁が、音を立てて崩れています。今は、まさに激変の時代なのです。

林業も今こそ勇気と決断で挑戦を

今回は、激しく変化している、現代社会と産業。この中で生き残っていくことの難しさ。生き残るための企業リーダーの先見の明と勇気と決断が必要なことを示しました。

林業はこれに比べると変化が少ないように見えます。確かに林業は、長いスパンで見なければならない産業ですから、とりあえず変化は少ないのですが、「椎野先生の『林業ロジスティクスゼミ』ロジスティクスから考える林業サプライチェーン構築」の書の最後（注26、参考文献

1）に出てきたように、今、この激変する社会で、最も注目されている「ＩｏＴ」が、林業に入りかけているのです。林業には、今まで人工知能（ＡＩ）等が入った歴史がありませんから、入ってきたら変化は早いと思われます。

日本のような人口減少により縮小が続く社会では、国力のあるうちに先端技術を取り入れて競争力をつけておかないと、国の体力の減退で、本当に産業全体が崩壊してしまうことも起こり得るのです。今こそ勇気と決断が必要です。その意味では日本は今、危機に瀕しているとも思えるのです。

何が危機かと言うと、50年後の日本に、本稿に登場した日立製作所や富士フイルムの経営者のような挑戦するリーダーがまだいるかということです。平和惚けが続く日本では、このような人がいなくなる恐れは大いにあるのです。

その場合、唯一、リーダーがいると期待できるのは、太陽光線が年間1億㎥の木を育ててくれる安定した生産地、山林だろうと思います。未来において、日本の林業には、国を救う凄いリーダーが、輩出してくると予感しています。また、今から、なんとしても、育てて行かねばなりません。

今、日本で、次世代産業を目指して、先頭を走っている日立製作所が、「夢」として追いか

まとめ

- 挑戦するリーダーに共通するもの
- 「売上げ増を捨て、利益率獲得を」という営業戦略
- 「大きな夢」を従業員が持てる会社とは
- 市場が消えても会社が生き残った理由とは
- 若者の鋭い感性、才能への出資が成長の芽となる
- 50年後にも挑戦するリーダーはいるか

けている「ＩｏＴ」の基幹となるものを、日本の林業機械メーカー、コマツの子会社コマツフォレストが持っていました。

もちろん、まだ、本当のＩｏＴには至っていません。でも、今、迅速に対応すれば、「林業のＩｏＴ」は、諸外国よりも日本の林業が先行できるかもしれません。なお、このことに関しては２０１７年2月20日に出版した林業改良普及双書No.１８６「椎野先生の『林業ロジスティクスゼミ』ロジスティクスから考える林業サプライチェーン構築」（注26、参考文献1）をご覧ください。

この本では、やっと、そこに辿りついています。まだ、読んでいない方は、すぐ、お読みになることをお薦めします。

（注1）椎野　潤ブログ：建設業の明日を拓く先導者たち、「ブログ」「椎野　潤」クリック。

（注2）「椎野先生の『林業ロジスティクス』ゼミ」,『月刊　現代林業』全国林業改良普及協会、２０１６年5月号から２０１７年2月号に連載。

（注3）アマゾン　椎野　潤　著書ページ：Amazon.co.jp. 椎野　潤。

（注4）参考文献1、２０１７年2月20日出版。林業改良普及双書、№１８６。

（注5）林業復活・地域創生を推進する国民会議：国産材の需要拡大等による林業復活・地方創生を目的として、三村明夫日本商工会議所会頭を会長とし、２０１３年12月設立。

（注6）「椎野先生の続・『林業ロジスティクス』ゼミ」,『月刊　現代林業』、全国林業改良普及協会　２０１７年5月号から連載。

（注7）日立製作所の株主総会：２０１６年6月22日開催。参考文献2、２０１７年1月14日、日本経済新聞から引用。

（注8）日立の大研修。国内2万人の営業マン対象に、発想転換、新しい営業技術の習得の大研修会を実施。（参考文献3、２０１７年2月2日、日本経済新聞から引用）２０１７年3月期、中期経営計画初年度は、目標を達成。

（注9）富士フイルム：日本の精密化学メーカー。カメラ、デジタルカメラ、エックス線写真・映画用フィルム、

印画紙（プリント）、現像装置、写真システムの一式、複写機、ＯＡ機器、化粧品や健康食品を製造・販売。近年、医療機器、先端医療薬品製造で注目。本社、東京（港区）。設立、２００６年10月。参考文献４、２０１７年１月６日、日本経済新聞から引用。

（注10）米国のセルラー・ダイナミクス・インターナショナル（ＣＤＩ）：ｉＰＳ細胞および同細胞から分化したヒトの細胞を開発・製造する米国のＶＢ。米ウィスコンシン州とカリフォルニア州に研究施設。２００４年設立。

（注11）ＥＳ細胞：動物の発生初期段階の胚盤胞期の、胚の一部に属する内部細胞塊でつくる、幹細胞の細胞株。分化万能性を持つ。

（注12）ｉＰＳ細胞（人工多能性幹細胞）：体細胞へ数種類の遺伝子を導入することで、ＥＳ細胞（胚性幹細胞）のように多くの細胞に分化できる分化万能性と、分裂増殖を経てもそれを維持できる自己複製能を持たせた細胞のこと。

（注13）和光純薬工業：武田薬品工業から分社して、１９２２年「武田化学薬品株式会社」として発足。国内試薬メーカー最大手。試薬の取り扱い数60万品目超。高純度に強み。他社に先駆け、抗体検索可能サイトを整備。本社、大阪（中央区）。参考文献４、２０１７年１月６日、日本経済新聞から引用。参考文献５、２０１６年11月３日、日本経済新聞から引用。

（注14）クリストフ・ウェバー：武田製薬工業の代表取締役社長。英グラクソ・スミスクラインから招聘。2014年6月就任。参考文献6、2017年1月10〜11日、日本経済新聞から引用。

（注15）ミネベア：ベアリング、モーター中心の部品メーカー。本社、長野（北佐久・御代田）。設立、1951年7月。2017年1月ミツミ電機を合併。参考文献7、2017年1月28日、日本経済新聞から引用。

（注16）ミツミ電機：電機部品メーカー。IBMのパソコン互換機の外部記憶装置などで、一世を風靡した。2017年1月、ミネベアと合併。参考文献7、2017年1月28日、日本経済新聞から引用。

（注17）OEM：他社ブランドの製品を製造。相手先（委託者）ブランド名製造。

（注18）ACアダプタ：小型家電製品で用いる電源装置。商用電源より交流電力を入力し、機器に合わせた形式の直流電力を出力するのが一般的。

（注19）ガラケー：ガラパゴス携帯の略称。和製ビジネス用語。孤立環境（日本市場）で「最適化」し過ぎると、外との互換性を失い、外（外国）から適応性と生存能力の高い種（製品・技術）が侵入すると淘汰される。進化論のガラパゴス諸島の生態系になぞらえた警句。

（注20）バロックジャパンリミテッド：婦人服を企画、製造、販売するアパレル企業。アパレル商品等の企画・製造から小売事業までを行う製造小売業（SPA）。2016年1月末現在、国内336店舗、中国136店舗、香港7店舗の合計479店舗を展開。本社、東京（目黒区）。設立、2003年8月。参考

文献８、２０１７年1月21日、日本経済新聞から引用。

（注21）百麗国際控股（ベル）：中国の婦人靴、紳士靴販売の大手民営企業。本社、中国（広東、深圳）。設立、１９９１年。

（注22）アマゾン　ベンチャー発掘：参考文献９、２０１７年1月18日、日本経済新聞から引用。

（注23）スマートロック：錠を電気通信可能にし、スマホ等で管理する機器・システム。

（注24）フィンテック：情報技術（ＩＴ）を駆使し金融サービスを見直す動き。

（注25）ビットフライヤー：日本のビットコイン取引所。２０１４年４月、国内初の仮想通貨ビットコイン取引所のサービスを開始。本社、東京（港区）。設立、２０１４年1月。

（注26）参考文献１、pp.１３８～１４４。

参考文献

（１）椎野　潤（２０１７）「林業改良普及双書№１８６椎野先生の『林業ロジスティクスゼミ』ロジスティクスから考える林業サプライチェーン構築」、全国林業改良普及協会。

（２）椎野　潤ブログ「日立製作所の『選択と集中』グループ規律厳守」２０１７年1月22日。

（３）椎野　潤ブログ「日立　製造業大改革進展　中期経営計画の初年度目標達成　企業内構造改革進む」２０

17年2月11日。
(4)椎野　潤ブログ「富士フイルム企業創生　総合ヘルスケア企業へ脱皮」2017年1月14日。
(5)椎野　潤ブログ「富士フイルム　武田の重要子会社を買収」2016年11月24日。
(6)椎野　潤ブログ「武田薬品工業大勝負　大型投資再び」2017年1月15日。
(7)椎野　潤ブログ「部品企業　殻破る融合　IoTで新産業創出」2017年2月7日。
(8)椎野　潤ブログ「日本の個性派ファッション　中国で開花」2017年1月25日。
(9)椎野　潤ブログ「アマゾン　日本VB育成」2017年1月28日。
(10)椎野　潤ブログ「メガ銀行　フィンテック加速」2017年2月26日。

第2回
林業成長への道　ロジスティクスと人づくり
担い手の明日を創る
―高齢化　人手不足をチャンスに変える成長戦略

新しい旅立ちへの大反響

新しい旅立ちへの最初の一歩（注1、参考文献1）は、激しい変化の時代の産業を牽引して、変化の大波を乗り越えている先進企業の経営者の次世代を見る眼。勇気と決断力について取り上げました。また、今までなかった新産業の形成を目指した、体質の著しく異なる異業種の合併・融合に挑戦する、経営者と従業員の姿にも視点を当てました。

さらに、中国で生まれつつある巨大な成熟社会から熱烈に受け入れられつつある、新ファッション産業を形成しつつある、若いベンチャー起業家にも触れました。また、ファイナンスとテクノロジーを融合した新しい世界、フィンテック（注2）で、牢固な金融産業の壁を溶かしているベンチャーの若者にも驚きの眼を向けました。

そして、一見、この激動の世界の中で、静かで動くことがないように見える林業が、実は大きな胎動の前夜にあり、ここでこそ偉大なリーダーが求められていること。また、事実、ここに偉人が生まれるはずだと言うことについても述べました。私は、この第1回の原稿の素案の段階で、信頼できる同志に意見を求めました。この第1回には、大きな反響があったのです。貴重な激励や質問が寄せられました。

しかし、この激動の世界の中で頑張っている日本国と日本人ですが、今、社会は人口減少に見舞われています。高齢化が進み、人手不足が深刻になっています。社会は、大きなピンチに立っているのです。ここでは、このピンチをチャンスに変える大戦略が必要です。そこで、今回は、ここに焦点を当てて、話を進めることにしました。具体的な事例を示して、それに沿ってお話しします。

新東名高速　隊列型自動運転

人手不足で、今、産業全体が危機に立っています。産業と産業、人と人の間で、モノを移動させているロジスティクス（物流）が人手不足で大ピンチです。宅配便で頑張っていたヤマト運輸（クロネコヤマト）が、拡大し続ける物流に、「もう、これが限界です」と白旗を出しました。クロネコヤマトは、翌日配送から、当日配送、2時間後配送へと効率と生産性を上げ続け、頑張ってきました。私の住む神楽坂の街の道路を、荷物を積んだ手押し車を押して走るクロネコヤマトの若者の姿が目立ちました。しかし、走って生産性をあげるのでは限界がくるのは当然なのです。

一方、これの対策とも思えることが、国レベルで、急速に進展しています。自動運転車の実用化です。政府は2017年3月11日に検討会を開き、4月から羽田空港の周辺の公道で、自動運転車の実証実験を始めると発表しました（注3、参考文献2）。また、国は、隊列型自動運転（注4）を、2020年に新東名高速道路で実運用を始めると発表しました（注4、参考文献3）。この隊列型自動運転というのは、先頭車両だけは運転手が乗っているのですが、隊列の後続車両には運転手はいないのです。重量物を長距離運ぶ運転手が高齢化しており、若い後継者が足りないのです。

人工知能（ＡＩ）が、最近、急速に進化してきましたから、人間がやりたがらない重労働や危険作業、飽きて長くは続けられない退屈な作業は、ロボットにやってもらう時代になってきています。しかし、自動車の運転は、事故を起こすと大変です。その点、慎重に進めねばなりません。隊列型自動運転は、このような状況の中から考えられるようになりました。独のＢＭＷ、ダイムラー（注５）、アウディは、２０１６年夏から欧州の高速道路で、国境を越えて実走テストをしていました。日本は大分、遅れていると思っていましたが、ようやく追いついて来た感じです。

この物流のピンチをチャンスに変えている企業群（参考文献３）がいます。この実験を担当している企業たちです。豊田通商（注６）、豊通エレクトロニクス（注７）、日野自動車（注８）、いすゞ自動車（注９）、三菱ふそうトラック・バス（注10）、ＵＤトラックス（注11）。この内、豊田通商はトヨタグループの総合商社で、プロジェクトの取りまとめ役です。その他のカーメーカーは、トラック、バスの大型商用車の生産者です。

普段、新聞の紙面を飾っているトヨタ、日産、ホンダ等の乗用車メーカーとは、顔触れが違います。これらの各社は社会の中で重要な役割を果たしていますが、平素は地味で目立ちません。

それともう1社、注目される会社がこの中にいます。日本信号（注12）です。日本信号は、信号機の大多数を立てている会社ですが、この会社がここでは重要な役割を持つことになりました。すなわち、自動運転では、自動車側のＩＴ（情報システム）と共に、道路側のＩＴが重要だからです。自動運転車が通る道路は、これから大変革を遂げるでしょう。日本信号は、この変革の立役者になると思われます。この他、道路側の人工知能（ＡＩ）の構築を担うのは、ベンチャー企業の若い人たちです。

ここにいる各社は、人口減少社会の明日を創る担い手なのです。人手不足をチャンスに変えている人たちです。ここでは自動車以上に、道路が利口になっていきます。ここに次世代の大きな産業の芽が観察できます。

夜間の厳しい除雪作業を自動化

このように、仕事がきつく、この職につく若者が来ない仕事は、やはりＡＩ（人工知能・自動化）の力を借りるしかありません。高速道路では、除雪機の自動化を進めています（注3、参考文献4)。この除雪機の運転も経験とノウハウを必要とする仕事で、吹雪の寒い中、しばしば夜間作業になる厳しい仕事です。

これが人手不足で作業が途絶えると、吹雪などの時に道路の閉鎖に到ることは目に見えています。東日本高速道路(注13)では、ベテラン運転者のノウハウを人工知能(AI)に習得させ、除雪ショベルを自動化して、仕事を楽にして、将来の人手不足に先手を打っています。この改革は全国の多雪地帯で急速に普及するでしょう。この機械メーカーにとっては、人手不足を逆手に取った成長事業となりました。

ロボットと二人三脚

人手不足の中で頼りになるのは、ロボットです。

日立製作所は、単純繰り返し作業、重労働、危険作業など、ロボットの得意としている仕事ばかりでなく、人間の経験や勘がものを言うロボットの苦手とする仕事を、ロボットに憶えさせる努力をしています。日立は、機械化が難しく、手づくりで大型機械をつくっている「大みか事業所」の工場で、生産期間を短縮することに挑戦しました(注14、参考文献5)。このような生産ラインは個別の複雑な仕事が多く、ロボットは苦手にしてきた作業なのですが、180日の生産期間を90日に、見事に短縮しました。

ここではロボットの作業も人間の場合と同様に多様でした。人間同士と同じように、人間とロボットの間の連携も難しかったのです。でも、解決することができました。モノづくり大国日本の最後の砦は、人の能力をロボットに継承できるかどうかにあると思われます。日立が、国内に生産拠点を遺し続けるために導き出した解は、ＡＩを高度に使ったつながる技術、ＩｏＴ（すべてのモノがインターネットでつながる）に、人を組み込む戦略でした。

ＡＩとロボットの進化で、工場からヒトを完全になくすことは、今後、できるかもしれません。でも、完全に居なくすることはしない方が良いのです。工場内社会も、永遠にヒトとロボットの共進化（共に助け合い進化する）社会を目指す方が良いのです。

人間とロボットの共生社会へ

また、ロボットの苦手な仕事というと「接客」もこれに当たるでしょう。長崎県佐世保市のテーマパーク、ハウステンボスでは、ロボットにフロントでの客との対応やルームサービス、清掃等行わせるホテルを開業しました（注15、参考文献6）。客室は、開業した1年前に比べ144室と倍増しましたが、従業員は30人から、10人に減りました。主戦力は82台から182台に増えたロボットが相棒です。

これから、人手不足が進行する社会で、ロボットと人間が協力し合う、競争力のある社会を、どう設計し運営していくかが鍵になるでしょう。人間も、この社会に対応していけるように進化していかねばなりません。

このホテルでは、ロボットは人間がやるような複雑な仕事をこなせるように進化しましたが、人間もロボットとつきあえるように変化しているのです。人間とロボットの共生社会。このホテルは、その社会の先進モデルです。

ロボット君が来ると、農家の販売意識が高まった

宮城県南部の山元町。夜、暗闇のビニールハウスの中で、ロボット君が、イチゴの収穫をしています。高性能カメラで、甘くなったものだけを選んで、摘み取っています。

ぐっすり眠った農家が、朝一で、このイチゴを出荷します。夜勤担当はロボット君です。こ

の収穫ロボット君は、農業設備メーカー、シブヤ精機（松山市）が開発したものです。ロボットと人間の二人三脚で、コンビニエンスストアのような「24時間営業」が実現しました（注16、参考文献7）。

甘く形の良い日本産のイチゴは、アジアの富裕層がブランド品扱いしてくれますが、これまでは、手間のかかる重労働でした。イチゴの栽培は、１０００㎡当たり２１００時間の労力がかかります。手間のかかるコメづくりの80倍です。この難関を、強力支援者、イチゴ収穫ロボット君の支援で、乗り越えられました。

ロボットのような先端技術は、農業に従事する人たちの意識も変えていきます。今まで「作る」意識だけだったのが、「売る」意識を持ったのです。すなわち、経営感覚に目覚めたのです。この農業者は、ロボットが相棒になったことで覚醒したのです。

ロボットと人間が紡ぐ未来の社会。この社会を構築していくのは、人手不足をチャンスに変える最大の成長戦略です。

日本生命保険　ニチイ学館　子育て世代の女性人材確保

社会の変化が著しくなり、一昔前のように、「大きい会社に入れれば、一生安心だ」とは言えなくなりました。この中で、就職先を決める若者たちは、どのような基準で就職先を決めているのでしょうか。

これから今まで以上に、一層、頑張ってもらわねばならないのは、若い女性です。子育てしながら、安心して働いてもらえるようにすることが、凄く重要です。日本生命保険（注17、参考文献8）は、全国に、5万人の営業職員を抱え、女性が半数を占めています。人手不足で新規採用が難しく、子供を抱える女性に働きやすい職場を与えて、若い女性が入社しやすくしたいと考えていました。

それで日本生命保険は、介護の最大手、ニチイ学館（注18、参考文献8）と提携して「企業主導型保育事業」（注19）に参入しました。ここでは、定員の半分は、日本生命の従業員の子供、残り半分は、地域の子供を預かる計画です。現在、ニチイ学館と共同で、全国100カ所で保育所を建設する計画です。これは同社の人材集めの強力な武器になるとともに、地域と企業の連携の強化にも役立つと思われます。

ですから、これは、担い手の明日を創る重要な活動であり、さらに、地域とのコミュニケーションの深化が進むとすれば、人手不足を逆手に取った企業の貴重な成長戦略でもあります。

「創造的過疎」の地域創生　移住者パワーを高める働きたい地域づくり

地方創生を考えるとき、私は、ブログを書き始めた頃に読んだ、四国、徳島県の山村に移転を決意した、IT企業を思い出します。神山町に、サテライトオフィス（注20）を開設したIT企業、Sansan（サンサン）です（参考文献9）。

この会社の仕事は、今、流行のクラウドサービス（注21）でした。Google Apps（注22）を使って仕事をしていました。ですから、仕事はどこでやっても同じだったのです。遠隔作業が可能だったのです。そして仕事場として選んだのは徳島県でした。徳島県はこのような企業の受け入れを考え、光ファイバー網を県内の隅々まで張りめぐらしていました。また、神山町は、芸術家の短期滞在を受け入れるなど、誘致に特に熱心でした。

「インターネットで結ばれて働くのなら、気持ちの良い環境で働きたい」と思う人と、「人口が減っても活性のある異色の地域にしたい」と願って準備していた人との、幸福な出会いがここにはありました。それで、私は「徳島は、その後、どうなったのかな」と常に思っていたのです。ところが、徳島のこの遠隔オフィスは、その後、凄く成長していました。

徳島の遠隔サテライトオフィスは、今や、神山町だけではないのです。県南部の美波町は、神山町に並ぶほど盛況になっていました。この町が、ベンチャー企業を引きつける理由は、若い移住者が中心となった新しい町づくりが進んでおり、新しい発想を求める雰囲気がチャレンジを求める人たちを呼び込んでいるのです。

それでも、人口は減少していくようです。神山町が２０１５年に、まとめた「人口ビジョン」によると、毎年、継続的に44人の移住を受け入れるという目標を達成したとしても、２０４０年の人口は、３７２０人で、現在より3割減少するのです。美波町や三好市も、同様に、大幅な人口減少は、避けられないようです。

それでは、何故、誘致を進めるのか。神山町は、「創造的過疎」という言葉で、町の未来像を示しています。「人口が減少する中で、活力があり、幸福に暮らせる社会をつくる」。これは、同じような環境にある各地が、見習うべき、凄い見本です。

この町づくりは、担い手の明日をつくる活動の「マチづくり版」の代表例です。これは、また、人手不足を逆手に取った地域の成長戦略でもあります。ただし、ここでの成長とは、大きくなることではなく、質の高い地域社会づくりです。

北信州森林組合　ここで働きたい

ここまで日本の人手不足の現状と、これをチャンスに変える成長戦略を見てきました。それでは、林業ではどうなのでしょうか。林業も一年一年、高齢化と引退が進んでおり、後継者の育成もはかどっていない状況です。

私は、２０１６年の暮れに長野県の北信州森林組合（注23）を訪ねました。ここは新しいＩＣＴ（情報通信技術）（注24）をどんどん導入し、人材育成も進んでいました。人材育成については、むしろこれからの日本のモデルだとも思いました。

２０１７年3月2日に、同森林組合の堀澤正彦課長に、東京でお会いしましたので、人材育成について伺ったのです。

堀澤さんは、以下のように話しておられました。

「北信州森林組合は、ここ数年、地元出身の新卒者ばかり採用しています。決して大人数ではありませんが、過去5年間は毎年採用しています。かつては、農林高校卒か他業種からの転職組が大部分を占めていました。現在も林業大学卒はいますが、高卒者は8割が農林高校以外です。でも、全員が「ここで働きたい」と真っ先に選んでくれています。

ここでは森林への興味が第一です。休日日数などの雇用条件が良いからというのも多分にあるようですが、とにかく北信州森林組合を積極的に選んでくれたのです。そして、全員が元気に頑張っています。

なぜ、そのような転換が可能になったのか。単純に時代の変化ということもありますが、地域の基幹産業であるべき林業の再興に向け、努力を続けていることとの成果だと自負もしています。また、省力化や安定生産のためにＩＣＴを積極的に導入していることも無縁ではないと思います。そして、継続のためには大きな変革が必要だと考えていますが、それが『林業ロジスティック改革』だと思います」

何を目指し生きるか　若年時代に覚悟

今の若い人は、生涯を何にかけるか、その覚悟に欠けています。「生涯を考えさせ、覚悟させる」教育・指導にも欠けています。「人口減少の中でも、活性を持って幸福な生涯を送りたい」。

そのように生きることを勧め、考えさせることが肝要です。

その点、第1回で述べたように、今、世界は激動の時代です。どこに船を漕ぎだしたら良いか、判断の難しい時代です。その点、森の仕事は、未来が見通せてわかりやすいでしょう。このようなことに悩んでいたとき、森の中に踏み込めば「俺のいる処はここだ」と即座に気が付くでしょう。

10代の後半から20代の前半。今の若者が受験時代から大学時代に、生涯の仕事を選ぶ決心のつく場所に身を置くのは重要です。林業に関心を持ったのなら、林業大学などに入って実務に触れ、決心を固めるのが良いでしょう。今、このような林業大学校がどんどん増えているそうですが、これはとても良いことです。でも、まだまだ数が足りないでしょう。もっと、増やさねばなりません。

しかし、数を増やすだけでは駄目です。日本の未来にとっての森の大切さ。木材の日本の産業を支える資源としての重要性。そして、さらに山の中の空気、ここで働く喜び、これを身体の底で体感させねばなりません。

森林組合も、この若者の希望の芽を育てる活動にさらに力を入れる必要があります。ここも重要な教育機関です。そして、その作業の内容は、「採用活動」ではなくて、「若者」の「教育」

です。

50年後の日本の姿―都市国家・自然共生国家と『交流居住』の国家成長戦略

私は、50年後の日本を考える時、東京は世界一の大都市になると期待しています。すなわち、50年後の日本の国家像の一側面は、シンガポール型の都市国家です。そして、その他の地域は、自給自足の資源が循環する、金のかからない自然豊かな地域になります。すなわち、その国家像は、地域自立型自然共生国家です。この未来像に関しては、2014年1月に出版した、「日本の転換点で考える～日本と日本人の歴史を見直して今何をなすべきか～」(注25、参考文献10)に書いています。ご興味をお持ちの方は、お読みください。

東京は、激変する世界の荒波を乗り越える勇敢なリーダーに牽引される闘う世界です。しかし、それが日本のすべての姿ではないはずです。徳島の神山町が目指していたもの。「人口が減少する中で活力があり、幸福に暮らせる社会」。日本の国土面積の大部分は、このようなことを目指す社会でしょう。穏やかな、日本人の暮らす社会がここにあります。多くの外国人が、この落ち着いた生活に憧れて日本に来るでしょう。

この「しばしば日本に来る」「長期間滞在する」、そして「その地の日本人と交流を深める」。この活動を私は『交流居住』と呼んでいます。『交流居住』については、私は、２０１５年４月に出版した「地域創生を考える〜自然共生型で自立した『地域』の夢のある姿〜」（参考文献11）の中に書いています。興味をお感じの方は、是非、これもお読みください。

『交流居住』は、日本の未来の重要な国家成長戦略です。そのリーダーになるのは、主業務を山の中で過ごし、副業務で山村の活性化のために働く林業者にほかなりません。日本の地域社会の未来にとって林業者の存在は、重大です。

「ロボットを相棒に育てる」仕事―50年後の日本も〝人口1億2000万人〟

私は、最近、「人口減少が社会・経済に与える影響は、やはり大きいな」と実感するようになりました。私は5年前、英『エコノミスト』編の「２０５０年の世界　英『エコノミスト』誌は予測する」（参考文献12）を読んで、強いショックを受けました。同誌の人口減少に比例してGDPは減少するという主張と、同誌が示したあまりにも悲観的な日本の未来についてです。でも、この時、私は「日本民族だけは例外だ」と考えていました。しかし、最近、そこここに人口減少の影響を強く感じ始めています。

でも、今、私は、同誌の主張を大筋で受け入れて「50年後の日本で、人口は減少させない」と決心すれば良いと思っています。それは人間と人間の相棒のロボットの合計で、1億2000万人を維持するのです。それにはできるだけ速くに、ロボットを本当の相棒に育てねばなりません。こうなると「ロボットを相棒に育てる」仕事。これが人口減少のなかで、社会の衰退を防ぐ重要な成長戦略だということになります。

ただし、ここでロボットという言葉をもう一度説明しておく必要があるでしょう。私がここでロボットと言っているのは、人の形《かたち》をしたロボットばかりではないのです。ここでロボットと言うのは、相棒の仕事をしてくれる「連中」の全部です。隊列走行での2番手以降の後続車は、車の姿をしたロボットです。人間の代わりに運転をしてくれるのですから。

すなわち、人間のように考えて（計算して）、人間の代わりをしてくれる機械は、どんな形をしていても、皆、ロボットです。そう考えるとコマツフォレストのハーベスタ（注26、参考文献13）も同じことです。これもロボットなのです。日本の林業にも、ロボットはもう入って

まとめ

- 人とロボットの共進化を目指す
- 移住者パワーと共に築く「創造的過疎」とは
- 「活性をもって、幸福な生涯をおくる」覚悟を育てるもの
- 「ここで働きたい」を生む林業ロジスティクス改革
- 林業者は、自然共生型「交流居住」づくりのリーダーとなる
- 「ロボットを相棒に育てる仕事」が成長戦略となる

いるのです。

ロボットを本当の相棒にする。このことのために、巨大な新産業が湧出します。これを皆で、目指して行けば、日本のGDPは、順調に拡大し続けてくれるでしょう。

（注1）参考文献1、pp.52〜61。

（注2）フィンテック：ファイナンスとテクノロジーの語を結合した造語。情報技術（IT）を駆使して、金融を改革する動き。

（注3）参考文献2：2017年3月19日、日経電子版から引用。

（注4）隊列型自動運転：先頭車両には運転手が乗り、複数の後続車両は無人で、先頭車両のアクセルやブレーキの作動状況を、通信で取得して車両を制御し、一定の車間距離を保ち、隊列走行する。後続車両に運転手がいないので、運転手不足の現状の打破につながる。参考文献3、日本経済新聞、2017年2月9日から引用、日本工業新聞、2月13日から引用。

（注5）ダイムラー：ドイツの乗用車および商用車の世界的メーカー。トラックでは世界最大手。傘下に三菱ふそうトラック・バスを持つ。同社の乗用車、メルセデス・ベンツは、高いブランド力を持つ。

（注6）豊田通商：トヨタグループ唯一の総合商社。トヨタグループの世界戦略を支える。自動車、金属、機械のみでなく石油、プラント、食品、保険等、幅広く取り扱う。本社、愛知（名古屋市）、東京（港区）（二本社体制）。設立、1958年7月。

（注7）豊通エレクトロニクス：豊田通商グループの半導体・ソフトウエア開発・販売会社。本社、愛知（名古屋市）。設立、2003年4月。

（注8）日野自動車：トラック・バス製造の自動車メーカー。国内トラック・バス業界最大手。東京瓦斯電気工業株式会社が、今日の日野自動車の母体。本社、東京（日野市）。設立1942年5月。

（注9）いすゞ自動車：トラック・バス製造の自動車メーカー。本社、東京（品川区）。設立、1916年、東京石川島造船所自動車部門。1937年、東京自動車工業。

（注10）三菱ふそうトラック・バス：商用車（トラック・バス等）・産業用エンジンの製造会社。独ダイムラーの連結子会社。国内トラック販売シェア第三位（2011年）。本社、神奈川（川崎市）。設立、2003年1月。
（注11）UDトラックス：大型車専業（トラック・バスなど）の自動車メーカー。2010年、旧社名の日産ディーゼル工業から社名変更。現在は、世界最大の重量トラックメーカー・ボルボ傘下の外資系企業。旧社名の日産自動車とは資本関係は消滅するも業務提携は継続。本社、埼玉（上尾市）。設立、2007年1月。
（注12）日本信号：信号機・自動改札機を製造するメーカー。信号機メーカーで日本国内トップ。本社、東京（千代田区）。設立、1928年12月。
（注13）東日本高速道路：高速道路株式会社法で設立された特殊会社、NEXCOの一社。通称、NEXCO東日本。東日本地域の高速道路、自動車専用道路を管理運営する企業。参考文献4、日本経済新聞、2017年2月22日から引用。
（注14）参考文献5、日本経済新聞、2016年10月26日から引用。
（注15）参考文献6、日本経済新聞、2016年8月12日から引用。
（注16）参考文献7、日本経済新聞、2016年5月5日から引用。

（注17）日本生命保険：生命保険会社。総資産で、かんぽ生命保険（日本郵政グループ）に次ぐ業界2位。保有契約高・保険料収入で最大手。本社、大阪（大阪市）。設立、1889年7月。参考文献8、日本経済新聞、2017年2月17日から引用。

（注18）ニチイ学館：医療・介護・教育関連企業。社名は、設立時の『日本医療事務』に由来。介護業界最大手。本社、東京（千代田区）。設立、1973年8月。

（注19）企業主導型保育事業：企業が従業員の福利厚生の一環として、主体となって保育所を設置する事業。施設が保育士の配置など、一定要件を満たせば補助金が受け取れる。自社従業員を優先して入所させられる。複数企業の共同利用も可能。全体定員の半分まで、地域住民の保育に提供できる。

（注20）サテライトオフィス：企業の本拠から離れた所に設置されたオフィス。

（注21）クラウドサービス：従来、利用者の手元にあったデータやソフトウエアを、ネットワーク経由で提供するサービス。

（注22）Google Apps：Ｇｏｏｇｌｅが提供しているクラウドコンピューティングの生産性向上ツール・ソフトウエア。

（注23）北信州森林組合：北信州地区の森林組合。本部、長野（中野市）。設立、2001年12月。組合員数、5956人。森林組合：森林所有者が森林保全・林業関連事業を共同実施する団体。

（注24）ＩＣＴ：情報・通信に関する技術の総称。「ＩＴ」に代わる言葉。海外では、ＩＴよりＩＣＴのほうが一般的。
（注25）参考文献10：pp.48〜49。
（注26）参考文献13：pp.１３８〜１４４。

参考文献

（１）「椎野先生の続・『林業ロジスティクス』ゼミ」，『月刊 現代林業』２０１７年５月号，pp.52〜61，全国林業改良普及協会。
（２）椎野 潤ブログ「自動運転　羽田周辺で公道実験へ　政府・都　４月にも」２０１７年３月21日。
（３）椎野 潤ブログ「隊列型自動運転　実用化　政府　新東名で２０２０年度」２０１７年２月20日。
（４）椎野 潤ブログ「高速道路の除雪　ＡＩで効率化」２０１７年２月27日。
（５）椎野 潤ブログ「ＩoＴ　人の動きを分析　工場の生産期間半減」２０１６年11月14日。
（６）椎野 潤ブログ「ＡＩ・ロボットと共生し価値創造」２０１６年８月30日。
（７）椎野 潤ブログ「ロボットと二人三脚「24時間営業」　新農業の創成」２０１６年５月31日。
（８）椎野 潤ブログ「企業主導保育所新設１００カ所　日本生命保険　ニチイ学館」２０１７年２月22日。

(9)四国の山里で働くという選択、IT企業が惹きつけられる町、徳島県神山町、あしたのコミュニティラボ、2012年12月19日。

(10)椎野　潤(2014年1月24日)「日本の転換点で考える　日本と日本人の歴史を見直して今何をなすべきか」メディアポート。

(11)椎野　潤・立花哲也（2015）「地域創生を考える～自然共生型で自立した「地域」の夢のある姿～」メディアポート。

(12)英「エコノミスト」編（2012年8月5日）「2050年の世界　英『エコノミスト』誌は予測する」文芸春秋。

(13)椎野　潤（2017）林業改良普及双書№186「椎野先生の『林業ロジスティクスゼミ』ロジスティクスから考える林業サプライチェーン構築」全国林業改良普及協会。

第3回
林業成長への道　ロジスティクスと人づくり
未来型・顧客起点
サプライチェーン・マネジメントへの道①

サプライチェーンの起点は、見込生産（規格品の大量生産）を中心に、受注生産モデルも登場しつつあるという姿を企業等に見ることができます。林業では、一般産業ではあまり例のない見込生産かつ生産者側優先で、しかも、納期が安定しない状況です。

けれど、顧客起点でものづくりが行われ、流通が動くサプライチェーン・マネジメントの研究もすでに始まっています。林業で言えば施主起点の家造りサプライチェーン構築です。

このような未来型のサプライチェーン・マネジメントへの挑戦についてを特別講義として２回にわたり記します。具体的には、

Ⅰ．目標とする先進産業を見定める（第3回）
Ⅱ．施主起点の林業～家造りサプライチェーンを考える（第4回）の構成です。

未来型への長い旅立ち

今回は特別講義です。まずは、林業～家造りサプライチェーンの目指すべき高い目標を探します。具体的なサプライチェーンを考えます。それは、どうやら、長い旅になりそうです。これから、その長い旅に旅立ちましょう。

最初に、目標とする先進産業を選び、これを詳しく見ることから始めます。衣食住は、人間と産業の関係を見たとき、重要な3要素です。この内、「衣」「住」は、共通点が極めて多いのです。家造りに近縁の衣服産業の一種「アパレル産業」（注1）で、世界を牽引してきた「ユニクロ」（注2）の動きから見ていきましょう。

ユニクロのアパレル産業革命

世界の服づくり産業のリーダー、ユニクロの代表取締役・柳井正さんは、これまでも革新的な改革を進めてきました。自分の企業の未来だけでなく、産業の未来を考えて、革新を進めてきたのです。

アパレル業界は、これまで優れたデザインを生み出しブランドを確立して、この服を売る「商業」と、これをつくる「製造業」に分かれていました。柳井さんが打ち出したのは、これを統合した「製造小売業（SPA）」（注3）という業種でした。文化の大きく違う、デザイナー中心の世界と、モノづくりの製造業の世界の間は、情報伝達に不具合が起こりやすかったのです。これを解決するため、すべてを自分の懐の中に入れたのです。これで、世界のアパレル産業で大躍進してきました。ユニクロを出発点としてSPAの業態の企業が、今、世界で増えています。

しかし、さらに今回、この殻も脱ぎ捨て、生まれ変わろうとしています。考えてみればSPAも、所詮、見込量産企業でした（注4、参考文献1）。

これまでは、1年前から自らデザインを決めて素材を調達し、海外の契約工場で縫製して、自前の店舗でこれを売っていました。これが製造小売業（SPA）です。しかし、思い返してみれば、結局、店には「1年前に企画した商品が並んでいた」のです。実際、2015年の冬は暖冬で対応できず、既存店の売上高は10%も前年を下回りました。

ここで、柳井さんは発想を切り換えました。「見込生産の殻」も、「量産の殻」も脱ぎ捨てたのです。注文を受けてから10日でつくって、その上でこれまでのコストでつくるのです。その実現のために、「顧客データの分析」や「IT」に関しては、世界最大のコンサルタント、米アクセンチュア（注5）の協力を得ました。「物流倉庫」は大和ハウス工業と組んでシステムを構築しました。これで要求が高度化していく市場に備えることにしたのです。

さらに、社会が成熟化してきて、顧客が「自分だけのもの」の意識を強くしていく状況をにらみ、「個」への対応も進めています。これまで、肩幅の広さや腕の長さなどで、通常サイズが合わない人は、諦めて着る選択肢しかありませんでした。今、目指しているシステムになれば、顧客は、店頭やネットを通じて、サイズや色、デザインなどを伝えれば、これが10日で届くことになります。しかも、ユニクロの店舗で買うのと同程度の価格・料金でサービスを受けられる見込です。

これまで、量産をやめて個別につくるというのは、コストが上昇して無理だと思われていました。しかし、人工知能（AI）が進化し、これを内蔵した自動化装置で、多品種個別生産の自動生産が可能になりました。柳井さんは、この波に乗って、次世代へ挑戦する決意をしたのです。

「個別受注即時自動生産」への挑戦

ユニクロを傘下におくファーストリテイリング（注2）は、日本企業としては、極めて積極的な長期経営計画を発表していました。2016年秋、2020年8月期の売上高目標を、5兆円と発表していました。しかし、最近、これを2兆円引き下げ、3兆円としました。それでも10%を下回る足元の売上高成長率では、目標にはとても届きません。

それで、柳井さんは革命的な改革が必要だと確信し、大改革の決意をしたのです。このまま成熟化社会の流れの中にいると、大きな成長は望めません。思い切って未来思考で、飛び出して行こうとしているのです。

今やライバルは「ZARA」（注6）などを展開するインディテックス（スペイン）や、「H&M」（注7）を展開しているエイチ・アンド・エム　ヘネス・アンド・マウリッツ（スウェーデン）に止まらないのです。米国市場では、店舗を持たないアマゾンが、ネット通販を通じて、衣類販売の大手の一角を占めるまでになってきたのです。既存の企業とは発想の違う、強大なライバルが現れてきたのです。

しかし、ネット通販で、顧客とユニクロがダイレクトに結ばれていく中で、本当に在庫を持たずに商品を届けられれば、ネット通販でアマゾンを超えることができるでしょう。

ファッション、肌ざわり、空気感、体へのフィット感等、難しいものがあり、アパレルではネット通販は難しいと言われてきました。しかし、人工知能（ＡＩ）と映像技術の急速な進歩で、この壁は超えられつつあります。

巨大な在庫。個々人への対応。アマゾンが抱えている大きな課題はこの２つですが、柳井革命が目指しているのは、これを超えることでしょう。凄いチャレンジが始まるのです。

柳井さんは、今回、挑戦する生産を「情報製造小売業」（注８）と呼んでいますが、これは、私が古くから「個別受注即時自動生産」（注９）と呼んできたものと同じです。これを本当に、無在庫で実現できるかどうかが課題です。在庫問題が原因で、この生産形態から撤退した企業は、過去に多いのです。そこで注目されるのが、以前から提携している物流センターの最大手、大和ハウス工業との連携です。

物流施設ＡＩ化―大和ハウス工業

アマゾンは、今、世界の商業を制覇しつつあります。アマゾンのネット通販も、物流を中心とするロジスティクスが、結局、ボトルネックになると、私は思っています。特にその中で、倉庫にある配送物を探し出し配送者に渡すピッキング（注10）が、まずネックになるだろうと思っていました。

アマゾンでこの役割を果たしているのは、フルフィルメントセンター（注11）という物流センターで、ここでは、米国のベンチャーが開発したギバロボットが大活躍しています。ここでは注文が入ると、指示を受けたロボットが、目当ての商品が並ぶ棚を探し出して、出荷作業場所へ運んでいます。人工知能（ＡＩ）を使った学習で、使用頻度の高い棚を、出荷作業場に近いところへ集積するなどして、効率を向上させています。

大和ハウス工業が、これとよく似たＡＩ物流施設を開発するようです（注12、参考文献２）。ここで使われるロボットは、インドの企業が開発しました。この施設のロボットも、該当する棚を見つけて、出荷作業場へ届けるということです。その点では、アマゾンのロボットと同じです。このロボットは、インドのグレイオレンジが開発した「バトラー」です。

まず、２０１８年に千葉県流山市に完成する物流倉庫に、これを導入します。15万㎡規模のこの倉庫では、通常は６００人程度の作業員が必要になります。しかし、このロボットを１００台導入すれば、作業員は１００人ほどでフル稼働できます。導入には、１００〜２００億円程度の投資が必要になりますが、人件費が減るため、運用費は3割以上減少させることができます。将来は、業務の指示もＡＩに任せる体制にする計画です。

物流センターでは、人件費が経費の8割を占めます。また、作業員は、勤務時間の3分の2は歩いているとされています。このロボットの導入により、歩き回る仕事、重たいものを持つ仕事から、人間は開放されるでしょう。これは、相棒ロボットの仕事になります。

大和ハウス工業は、ユニクロと業務提携をしています。大和ハウス工業は、この「ＡＩ物流施設」を、ユニクロの「個別受注即時自動生産」の「情報製造小売業」には、どんな姿にしようと考えているのでしょうか。私には、凄く興味があります。

ユニクロの場合は、運ぶのは衣料品ですが、もっと大きなものの場合は、物流センターは存在しない方が良いのです。

2017年2月に出版した「林業ロジスティクスゼミ」(参考文献６)に書きましたが、「クリナップ」(注13)は、流し台を「個別受注即時自動生産」でつくっていました。ここでは、工事現場での「流し台」の取り付け開始時間にちょうど到着するように、製造工場の製造ラインから「流し台」を積んだ車が出発するように管理されています。途中に物流センターはありません。この場合、「流し台の取り付け工程」は、流れ作業の「製造工程の最後の工程」と位置づけられています。

しかし、衣類は、流し台と同じにはならないでしょう。トラック1台に衣類1枚ずつ運ぶことは考えられないからです。まとめて運ぶのなら、何らかの物流施設は必要になると思われます。でも、工場から直接宅配になる場合には、工場の下流で必要になるのは宅配業務のみとなります。

顧客から注文を受けるのが、製造ラインのロボットになり、1品ごとにつくるようになれば、そのまま、宅配の配送システムに渡せばよいことになります。ドローンが安くなれば、製造ラインの末尾からユーザー宅へ、直接ドローンが飛ぶことになるのでしょう。この場合、ドローンは製造ラインの最終工程ということになります。

ここには、次世代生産システムの典型的なモデルが見えています。このモデルでは、中間に全く在庫がありません。人の関与もありません。これが「次世代ロジスティクス」です。柳井さんは、多分、そこまで考えていると、私は思います。

中堅百貨店　そごう、西武の挑戦

婦人服の売上低迷に悩む百貨店では、こんな対策も進んでいます（注14、参考文献3）。実は、百貨店の関係者の間では、婦人服が新鮮味を失ってきたという危機感が、数年前からありました。そこで各百貨店は、斬新な「プライベートブランド（PB＝自主企画）」（注15）づくりに、力を入れてきたのです。

しかし、最近、中央でつくったPBが、地方店で客に浸透しなくなってきたのです。そこで中堅百貨店の地域店は、自分たちで独自の自主企画を考え、自分たちで圧倒的な技術力を持つ縫製職人に依頼し、ごく少量ずつつくってもらう試みを始めました。本当に自分たちの店の命を掛けた一品です。ここでも、量産からも量販からも脱皮しています。

縫製職人は、マッチングサイト、「ヌッチ」（注16）を通じて依頼します。このサイトには、全国1000人の職人が登録されており、国内のアパレルや海外の高級ブランドの既製服のサンプル制作を手掛けるなど、高い技術を持つ、強者《つわもの》が揃っています。

大きい企画会社やメーカーに頼むのではなく、職人個人を選び抜いて直接頼んでつくってもらう、この方法を「クラウドソーシング」（注17）といいます。ここでは、自分たちのPBの作成を、クラウドソーシングで実施しているのです。この待望のPBが、2016年6月、そごう広島店、徳島店、西武高槻店で発売されました。結果は快調でした。

私は、このPBは、これからの対応が重要だと考えています。出した反応を見て、良いものは量産してコストを下げることを考え、反応の鈍いものは、ただちに撤収して次のマネキン人形を出す。その敏捷性が重要でしょう。街のよく売れている専門店は、皆、そのようにやっているのです。

百貨店は、いつの間にか大きい組織になり、敏捷性がなくなっていました。この取り組みで百貨店も敏捷性を取り戻し、生まれ変わるでしょう。クラウドソーシングで、才能抜群の職人とスクラムを組むことで、店の体質そのものが大変化すると思います。敏捷性を持つことは、成熟化が進む社会で敏感に変化する顧客に対応していくために、必須のことなのです。

ゾゾタウンに海外有名ブランドが続々出品

今、インターネット通販が、店舗販売を圧倒しています。しかし、ファッション性の高い衣料は、実際に手に取ってみないと、風合い、手触り、空気感などがわからず、買うのは難しいと言われてきました。しかし、ネット通販で、衣料品の販売を順調に拡大しているところもあります（注18、参考文献4）。それは、日本の衣料品通販サイト「ゾゾタウン」（注19）です。売上は順調に拡大し、年間購入者が570万人に達しました。そして、ここに海外の有名ブランドが相次いで参入したのです。

海外の有名ブランドの集客力は、凄かったのです。イタリアを代表するファッションデザイナーのジョルジオ・アルマーニ（注20）のブランド「アルマーニ」は、2つのブランドをゾゾタウンに出品しました。アルマーニは、世界の若者たちに凄い人気があります。このアルマーニの出店で、ゾゾタウンも若者向けのブランドの人気が上昇しました。

このような有名ブランドが「強く客を惹きつける」のも、成熟社会の特徴でしょう。そして、その惹きつける有名ブランドにも、成熟社会に対応する敏捷性があります。

日本の中小企業の凄い技術力—海外高級ブランドの生地づくり

日本の婦人服市場の低迷は、世界のトップファッションとの競争で、遅れを取り始めていることにも関係がありそうです。でも、意外なことに気がつきました。

日本のアパレルが不振な中で、欧州の高級ブランドは、年々、新しい感覚を生み出し進化して、新しい需要を創出しています。日本は感性に乏しいのかと思っていましたが、実は、使う繊維の繊細な技術の進化の差があるようです。それも、その技術は日本製なのです（注21、参考文献5）。

石川県七尾市の天池合繊のオーガンジーと呼ばれる薄手の生地に、欧州の超高級ブランドのデザイナーたちは、注目しています。「天女の羽衣」と呼ばれるこの生地は、髪の毛の1／5程度の細さ23～24μ（μ・マイクロは100万分の1）mのポリエステルの糸を織ってあります。手に乗せても、持っていないかのように軽いのです。従来のオーガンジーから想像される硬さは全くありません。真円の糸で織った生地はつやつやと光を放ち、柔らかいのです。これの取引先には、欧州の超高級ブランドが並んでいます。

この柔らかさの決め手は、細い糸です。目を凝らさないと見えない糸を見えるようにすることから始め、切れないように織るのです。もとはフィルターなど産業用に開発していたのですが、共同開発先が破綻したので、自社で販売できるアパレルに切り換えました。

シルクを手掛ける山嘉精練（京都・亀岡市）は、2017年2月、パリの生地展覧会に初めて参加しました。エルメスやルイ・ヴィトン、ジバンシィなどのバイヤーが、シルクの生地を手に「生地の中に光が見える」と驚きを見せました。「ドットダイ」と名付けたシルクは一見無地ですが、目を凝らすと色が生地の中にあるのに気づきます。一本の絹糸に、様々な色を付けて陰影の深さを表現したのです。

室町時代、京都御所の中で絹を織っていたのが、同社のルーツです。原糸から外側のたんぱく質を取り除く精練や、染色などの工程を自社で行っています。細い糸を傷めずに複数の色に染める技術などを活用し、ドットダイを完成させています。

高い機能の生地に注目したのは、国内のアパレルではなく、海外の高級ブランドでした。山嘉精練は、「日本メーカーからは、難しい注文や依頼が来ない」と言っていました。職人らの技術を維持し進化させたいと考えたとき、究めた技術を認めてくれたのは、欧州の高級ブランドでした。

結局、発注者の厳しい要求が、生産者の画期的な技術を生むのです。日本のアパレルが不振なのは、挑戦が足りないのです。ですから、足元にある宝が見えないのです。欧州の超高級アパレルブランドを超えるチャレンジ精神。これが不振脱却の根本エンジンです。成熟社会になるほど挑戦が必要なのです。

欧州のアパレルのトップブランドは、鋭い感性で、今まで大手メーカーの下請けで隠れていた、本当の技術を持つ日本の小企業を発見しました。この感性の鋭さも、成熟社会で、進化し成長していくのに必要な「俊敏性」の1つの姿でしょう。成熟社会の中での成長の鍵は「俊敏性」です。

成熟社会の中　ユニクロが目指す次世代アパレル産業

われわれが構築しようとする林業～家造りサプライチェーン・マネジメントが目標にすべき先進産業として選んだユニクロは、「寸法が合わない人のために寸法を計り、体の寸法に合わせたものを、どんな色でも、どんなデザインでも、注文すればすぐつくって10日で届ける」と、宣言していました。しかし、その目指す未来像は、もっと遠大なはずです。きっと、以下を考えているでしょう。

(1) 鋭い感性を持った本当の縫製職人に直接頼み作成。店のマネキン人形で展示し、反応が弱ければ、すぐ交代。

(2) 集客力の大きいネットサイトを構築。サイト上に世界で超人気のトップブランドファッションを誘致。

（3）先端技術が刻々と生み出す超魅力的新素材を取り入れ、画期的新鮮な商品を生み続ける。
（4）成熟社会の中で、激しく揺らぎ移り動く顧客に対応する圧倒的な「俊敏性」。

柳井さんは、きっと、これらを取り入れて、次世代アパレル産業を形成させていくでしょう。われわれも、負けてはいられません。

ユニクロに負けない林業―サプライチェーン・マネジメントを構築する

アパレルの最先端「ユニクロ」が挑戦する未来の姿は、エンドユーザーに「本当に欲しいと感じる衣服」を、「イメージ」「デザイン」「設計」させ、その高品質の衣服を安価に供給するため、最先端の「ＡＩ自動個別生産」で、これを生産する。そして必要なら、そのために「最先端の新繊維」も開発し続けるという、驚くべき俊敏性を備えたサプライチェーン・マネジメントでした。

ここで、われわれの挑戦すべき目標は定まりました。これから、これに勇敢に挑戦します。

まとめ

- 「見込生産」「量産」からの脱皮を促す発想の転換
- 「個別受注即時自動生産」への挑戦
- 「物流センターが存在しない」が正解の業態とは
- 中間在庫ゼロを実現する次世代ロジスティクス
- 高級海外ブランドが認めた日本職人の究極技術
- 俊敏性とチャレンジ精神が進化・成長のカギ

これに負けない林業〜家造りサプライチェーン・マネジメントを創出します。その実現は、簡単ではありませんが、十分実現できそうです。ただし、それには、今までの林業の発想を180度変えねばなりません。でも今、その目指す姿は、空のかなたのクラウドの陰に、仄かに見えてきています。私の心は、今、激しく沸き立っています。そして、その産み出したものを、第4回でご披露します。

（注1）アパレル産業：衣服の製造業及び流通業のこと。
（注2）ユニクロ：「UNIQLO（ユニクロ）」の店・ブランド名で、実用衣料品の生産販売を展開する日本企業。ファーストリテイリングの傘下。ファーストリテイリングは、ユニクロ等の衣料品会社を傘下に持つ持株会社。世界のカジュアル事業の売り上高で第3位。本社、山口（山口市）。設立、1963年5月。
（注3）製造小売業（SPA）：最初の定義「speciality store retailer of private label apparel」を訳すと「独自のブランドを持ち、それに特化した専門店を営む衣料品販売業」。その後、この頭文字のSPAとその実態を示す日本語である「製造小売業」が、業態名として普及。商品の企画から販売・製造まで手掛ける業態。
（注4）参考文献1、日本経済新聞、2017年3月17日から引用。
（注5）アクセンチュア：世界最大の経営コンサルティングファーム。本社、（名義上は）アイルランド。設立、1969年。
（注6）ZARA：スペインのアパレルメーカーであるインディテックスが展開するファッションブランド。ザラ単独では、2013年の時点で87カ国、1991店舗を展開。
（注7）H&M：スウェーデンのアパレルメーカー、エイチ・アンド・エム ヘネス・アンド・マウリッツが展開するファッションブランド。低価格かつファッション性のある衣料品。

（注8）情報製造小売業：アパレルを個別受注即時自動生産でつくるSPAを、柳井正氏は、情報製造小売業と呼んだ。
（注9）個別受注即時自動生産：個別に受注した後、ただちに行う自動化した生産。
（注10）ピッキング：倉庫にある配送物を探し出し配送者に渡す作業。
（注11）フルフィルメントセンター：お客様の満足を満たすためのAmazon独自の配送センター。フルフィルメントという語について、アマゾンは、「受注管理、在庫管理、ピッキング、商品仕分け・梱包、発送、代金請求・決済処理など、通販ビジネスで最重要なコアプロセスの全体がフルフィルメントである」と言っている。
（注12）参考文献2、日本経済新聞、2017年3月17日から引用。
（注13）クリナップ：システムキッチンを製造する大手住宅機器メーカー。本社、東京（荒川区）。設立、1954年10月。参考文献6、pp. 69～70。
（注14）参考文献3、日本経済新聞、2016年6月18日から引用。
（注15）プライベートブランド：小売店・卸売業者が企画し、独自のブランド（商標）で販売する商品。
（注16）ヌッチ：ステイト・オブ・マインド（東京・渋谷区）が運営する、縫製を依頼する人と縫製職人のマッチングサイト。

（注17）クラウドソーシング：不特定多数の人に業務を委託すること。
（注18）参考文献4、日本経済新聞、２０１７年3月9日から引用。
（注19）ゾゾタウン：スタートトゥデイが運営するアパレルのオンラインショッピングサイト。２０００年10月開設。
（注20）ジョルジオ・アルマーニ：イタリアのファッションデザイナー。自身が創立したファッションブランド・アルマーニを展開。イタリアを代表するデザイナーの一人で、ミラノに基盤を持つジャンフランコ・フェッレとジャンニ・ヴェルサーチと共に「ミラノの３G」として名高い。
（注21）参考文献5、日本経済新聞、２０１７年3月6日から引用。

参考文献

（1）椎野　潤ブログ「ユニクロ「服作り」抜本改革。私仕様の服10日で届く」２０１７年4月1日。
（2）椎野　潤ブログ「大和ハウス工業　ＡＩ物流施設」２０１７年4月2日。
（3）椎野　潤ブログ「プライベートブランド　地域色豊かに　そごう・西武」２０１６年7月1日。
（4）椎野　潤ブログ「ゾゾタウンに　海外有名ファッションブランド　続々出品」２０１７年3月17日。
（5）椎野　潤ブログ「海外高級ブランドの生地作り　日本の中小企業の凄い技術力」２０１７年3月18日。

（6）椎野　潤（2017）林業改良普及双書№186「椎野先生の『林業ロジスティクスゼミ』ロジスティクスから考える林業サプライチェーン構築」全国林業改良普及協会。

第4回

林業成長への道　ロジスティクスと人づくり
未来型・顧客起点
サプライチェーン・マネジメントへの道②

―「施主起点の林業～家造りのサプライチェーン・マネジメント」への挑戦で開く　第4次産業革命

第3回に続き特別講義として、林業サプライチェーンの未来型という目標に向けた挑戦を本号のテーマとして解説します。

内需型産業は、いま大きな選択を迫られています。市場の限界をどう破るか、その戦略を描き、俊敏さと勇気を持って挑戦へのスタートです。

内需型を代表し、林業は第４次産業革命への挑戦に乗り出しましょう。そのモデルこそが、施主起点の林業〜家造りサプライチェーン・マネジメントです。

なぜ、林業で顧客起点マネジメントなのか

私は前回、われわれの挑戦すべき目標として、アパレルのユニクロを見定め、これに負けない、サプライチェーン・マネジメントを創出すると宣言しました。その目標は、ユーザーに「本当に欲しいと思うモノ」「高品質なモノ」を、「安価」に提供するため、人工知能（ＡＩ）を活用した高度な生産システムを構築する。そのための先端技術を開発し続けるというものでした。

その一番の鍵は、「顧客の本当に欲しがるもの」から始める、すなわち「顧客起点」でした。そして、これは言葉を変えれば、「第４次産業革命」を具体的に実現するということです。林業を、その革命の先導者にした理由は、林業が将来に向かって、一番、伸びしろがあり、期待が持てるからです。

ユニクロも未到達の顧客起点サプライチェーン

顧客起点のサプライチェーンとはどんなものなのでしょうか。前回で記した、林業～家造りサプライチェーンの目標としたアパレルのユニクロも、実は、「顧客起点サプライチェーン・マネジメント」（注1、参考文献1）には、まだ、到達していないのです。

それは、このモデルでは、インターネット上に現れた最新の商品をみて、顧客が飛びつくところから始まっているからです。ここでは、顧客自身が「こんなものが欲しい」と言う、「要求」を自ら発信していません。多分ユニクロにも、これからは、この「顧客起点」の姿が出て来るものと思われます。しかし、一方で「林業～家造りサプライチェーン・マネジメント」の家造りでは、「顧客が欲しいものを考える」ことから、既に始まっているのです。家造りの方が、先行している部分もあるのです。

具体的なモデル　施主起点の林業～家造り

それでは、ここで、既に始まっている、顧客起点（施主起点）サプライチェーン・マネジメントの具体例を示しましょう。私は、かつて、福島県の四季工房を訪問し、野崎進社長から、素晴らしいお話を伺いました（注２、参考文献２）。ここでは、そのお話の紹介から始めましょう。以下が野崎社長のお話です。

「住み手にとって本当の家とは何か。住宅産業は幸せな家庭をつくるのが仕事です。家造りでは、家庭を幸せにする間取りを考えていく必要があります。今までより家庭が仲良く、コミュニケーションを図れるようにするには、どんな間取りが良いか、また、人としてくつろげる家にするには、どうすれば良いか。結局、無垢の木、生物素材の家にすることになります。

契約の席で、顧客と住まい方を話し合います。『この図面では、うまくないよね』と、本図面を描いたのを、描き直すはめになることもあります。これは、本当の誠意です。契約５件に１件は、このような状態になります。客も自分も納得のいく間取りになるまで詰めます。これが誠意です」（参考文献２、pp.１３９～１４０から引用）

すなわち、家造りは、自分の将来の生活を設計することから始まるのです。顧客は、家造りを機会に、自分の人生と家族の未来に、確固たる信念を持つのです。本当の「顧客起点サプライチェーン・マネジメント」とは、このようなものなのです。

モデルを描き出す施主直接発注のサプライチェーン

ここで「何故、木造住宅にしたいのか」「何故、国産材のスギにしたいのか」も、話し合うことになるでしょう。そうすると平面図だけでなく、構造・仕上げなどの計画も、段々、望ましい姿がわかって来ます。ここまで進めば、山で伐ってもらう木は、どんな木をどれだけ伐ってもらえば良いかも、見えてくると思います。それで、それを発注します。

発注は、スギを植えて育てた山主本人に発注し、金銭も、施主が山主に直接支払います。木を伐るのは「コマツフォレスト（コマツのスウェーデンにある子会社）」（注3、参考文献3）の「ハーベスタ（木を伐採する機械）」（注4）です。注文通り、柱・梁の構造材や、間柱、垂木などの羽柄材だけでなく、スギの家を建てたいと思う客が欲しい家になるように、内装仕上げ材の木も、ハーベスタに伐ってもらいます。施主自身がスマホで、（ハーベスタの自動生産を動かすコンピュータソフトである）「マキシエクスプローラ」（注5）に入力すると、ハーベスタに直接、作業指示を出すことができます。

ここで伐ったのは丸太ですから、製材しなければなりません。ですから、施主はマキシエクスプローラで、製材工場へ製材の発注をします。ここでも、金銭は、施主から製材会社へ直接支払います。

しかし、住宅の設計も、木材の発注リストの作成も、現状では、施主自身が行うのは、とても困難でしょう。また、家造りの機会に施主は、「わが生涯」の方向付けをしなければなりません。ですから、野崎社長のような工務店の社長か設計士に頼んで、一緒に考えてもらう必要があります。結局、施主は、工務店の社長か設計士に、コーディネーターになってもらい、指導料と設計料を支払います。しかし、こうして施主が、何もかもやるのは楽しそうですが、大変そうでもあります。

施主の直接発注の実例

でも、私は「建サク」(注6)という「インターネット上で工事の発注を行う」アプリケーション(注7)で、施主自身に全工事、直接発注してもらったことがあります。私は、この時、そのKさんにお会いして、お話を聞きました。Kさんは、以下のように話していました(注8、参考文献4)。

「まず、設計士を探し、設計をしてもらいました。施工管理者を探しました。あるCM(コンストラクションマネジメント)(注9)を全国に展開しているところに相談して、建築士から工事管理をしてくれる人(工務店)を紹介されました。この人は、工務店を経営している大工の棟梁でした。大工の仕事はこの人に頼みました。大工の仕事に近いところの仕事は、棟梁の気心が知れた人に頼みました。それは遠隔地だと、手直しなどが簡単にできないからです。その他はすべて、「建サク」で分離発注しました。

テレビで「建サク」のコマーシャルをやっていましたので、こんなことをやっているところも、あるんだとわかりました。それで、自分もやってみようと思ったのです。会社で、購買の仕事をやっていて、建設業界の価格不透明なところに、不信感がありました。丸投げで、一式請負が不透明なところが、信頼できなかったのです。

施主として、現場をつなぎたいと思います。一部でも手伝いたいのです。手間賃は叩きたくありません。その代わり、材料を安く入れたいと考えていました。それで、建材はヤフーで買うことにしたところ、安く買えました。」(参考文献4、pp.127~131から引用)

ＡＩロボットの相棒がいる世界

このように施主の直接発注・直接管理ということになると、誰かが手伝ってくれると大助かりです。それには、相棒ロボットが大勢加勢してくれると、凄く良いでしょう。家造りの相談に乗ってくれる相棒ロボット。発注を支援してくれる相棒ロボット。工事の取りまとめをしてくれる相棒ロボット。山の現場作業の相談ロボット。支払いはスマホによるビットコイン。これらが揃えば、大いに実現性を帯びてきます。

これは、金銭の支払いはすべて直接で、中間には誰も入れないのです。ここでは、施主以外、中間に発注者が一切いないので、発注と受注の上下関係がなく、難しい人間関係はありません。情報は完全に透明です。ここがポイントです。仕事だけ手伝ってくれて、情報は遮断しない相棒ロボットがいるのは、最高の環境なのです。

第４次産業革命の４つの要点

ここまでに、お話ししてきた「家造りモデル」は、現状の普通の家の造り方とは、ずいぶん違います。それは私が「第4次産業革命が実現したら」という前提で、モデルをつくったからです。私は、第4次産業革命を推進する場合のサプライチェーン・マネジメントに関するポイントとして、4つの要点を決めています。この「モデル」は、その要点を満たすようにつくってあります。それでは4つの要点について、事例でわかりやすくお話ししましょう。ここではロジスティクスの視点で読み解きます。

第4次産業革命の4つの要点は以下です。

(1)商流短縮の意味を理解。
(2)買う人と売る人は相棒。
(3)末端からさかのぼる。
(4)すべての土台は透明情報。

要点1「商流の短縮が示す意味」アマゾンとヤマダ電機の闘い

まず、今、起こっている、小売業の凄い変化から、お話しします。家電の小売りの雄は、ヤマダ電機です。一番大きく、多量に仕入れしていますから、電機店で一番安く売っています。

店員も、これに自信を持っており、「この品物を、この値段より安く売っている店があったら教えてください。その値段にします」と言っていました。こうして、安売り競争を制していました。

しかし、この競争相手に、ネット通販のアマゾンを入れたため、2013年9月期に、赤字に転落してしまいました。ヤマダ電機は、「もう、アマゾンとは安売り競争はしない」と宣言し、大型不採算店50店の閉鎖を発表しました。

ネット通販の方が安い理由は明白です。なぜならネット通販は、大型電機店の巨大な店舗の経費も、大勢いる店員の給与もないからです。商流改革では、途中で触る人が少なくなるほど、安くなるのですが。このネット通販では、エンドユーザー（購入者）とメーカーとの間にヤマダ電機の巨大な店舗と大勢の店員がいないのです。

商業は、どこの国でも、多くの人たちの手を経て商品が、顧客の手に渡るのですが、日本では、特に、これが著しいのです。それは、かつては必要だったのですが、今は、なくても済むことが多くなっているのです。無駄なコストを低減するため、これらを減らしたいと思うのですが、これは中々、進みません。そこで「商物分離」ということが行われます。この商物分離の発端の時のことを、私は、今も忘れることができません。

セブンイレブンと味の素の「商物分離」

これはセブン-イレブン・ジャパン（以下、セブンイレブン）が、味の素に、自分の車で、荷物を取りに行かせてくれと頼みにいったのが、きっかけです。味の素との間には、大手食品問屋、国分商店がいました。味の素は、国分さんには、お世話になっているので、外すことはできないと断りました。すると、セブンイレブンは、「取引は、今まで通りで良いのです。経費は、国分さんに払います。支払いも国分さん経由で良いのです。荷物だけ、直接取りにいきたいのです」と言いました。

国分に経費が、そのまま払われるのなら良いだろうと、味の素は承諾したのです。この結果、国分へ持っていく物流費・倉庫費は、節約されました。この浮いた分は3社で等分に分けました。3年ほど経って、国分は、名目だけの経由による経費の受領を辞退し、情報問屋に脱皮し、大発展しました。国分は、情報遮断ではなく、情報透明化のコーディネーターになったのです。

ここでは、この国分の体質転換と大発展の物語が重要なのです。その後、問屋等、途中にあるものを排除して、商流を単純化して直接買う「ダイレクトソーシング」が、急速に進みましたが、その目的は、途中の存在の排除による経費の削減も重要でしたが、情報の遮断の排除の方が、より一層重要だったのです。

要点2「買う人と売る人は相棒」

売る人と買う人が、どんな関係なのか、とても大事です。サプライチェーン・マネジメントの根幹です。私は、建設業と長くつきあいましたが、ここでの発注者と受注業者の関係は、極めて微妙です。業者は発注者を大事にします。米つきバッタのように頭を下げます。これは建物を発注する施主と業者の間も、元請け業者と下請け業者の間も同様です。

しかし、本当に気を許しているわけではありません。出す見積もりの本当の内訳は、絶対に秘密です。買う方は、必ず値切ります。仕事を受ける方は、「もう、一杯です。無理です。」と言います。しばらく、押し問答の末、この発注を受けます。受けなければ、他の業者に仕事を取られるからです。しかし、ちゃんと、値引き代は、見積もりに入れてあります。そして、発注者が分析できないように、わざと、内訳を、ごちゃごちゃにしています。

ですから、先程の「もう、一杯です。」と言ったのは嘘です。嘘をつくのは信義に反しますが、信頼がないというわけではないのです。信頼がなければ、工事の請負は頼めません。まだ、何もできてないのに、信頼して金額を決めて頼むのですから。工事の完遂には強い信頼を持っています。でも、商取引に関しては「値切る」「守る」の闘いの敵なのです。

大転換　サプライチェーン・マネジメント　ウォルマートとP&G

その発想の大転換をするのが、サプライチェーン・マネジメントです。売る方が安く売るには、安くつくらねばなりません。安くつくるには、買う方の協力が絶対必要なのです。このサプライチェーン・マネジメントの初期の成功例として、有名な、世界最大のスーパーマーケット、ウォルマート・ストアーズと米国最大の日用品メーカー、P&Gのサプライチェーン・マネジメントの事例を、お話しします。

ここで最初にアプローチしたのは、P&Gの方でした。特別に安い価格での提供を申し出たのです。そして、「その代わり…」と言って、そのための条件を言いました。「そのコスト内で納められるようにして欲しいのです」

そして、P&G社内の社外秘のコスト情報をすべて見せて、製造ラインなど、工場内のすべて、経理などの台帳もすべて見せて説明しました。そして、ウォルマートが、その頃やっていたバーゲンセール、それも、無計画・突然の大売出しのセールが、どれだけＰ＆Ｇの生産原価を上げているかを説明しました。

ウォルマートはよく理解しました。そしてウォルマートは、バーゲンセールをやめたのです。これが有名な「エブリデー・ロー・プライス」です。ウォルマートのポス端末の個々の顧客ごとの売上が、リアルタイムでＰ＆Ｇへ伝達されるようになりました。その結果、Ｐ＆Ｇは、無在庫で安定的な生産で、生産コストを大幅に下げました。そして、それをウォルマートへ儲けを乗せずにそのまま提供したのです。

この安い商品の提供を受けたウォルマートは、世界最大のスーパーマーケットに成長しました。それは同時に、Ｐ＆Ｇの大成長をも導きました。ここでは売り手と買い手は「敵」ではなく「相棒」なのです。協力してコストを下げて競争力を強めました。そして、ライバルグループに打ち勝ったのです。敵は外にいた隣のサプライチェーンチームでした。

要点3「末端からさかのぼる発想の重要性」

末端からさかのぼる発想も重要です。最近「新鮮な美味しい鮮魚を、お客様に食べさせるには」という試みが始まっています。お客様にお魚を出す飲食店に、その日に捕れた魚を夕方6時までに、どのように届けたら良いかということです。

各地の漁場には、「この名人だけが、このうまい魚のいるところを知っている」と言う名人がいます。この名人たちが、朝、港に上げた魚を、夕方までに東京の飲食店まで、届けようというものです。

朝、漁師が港へ魚を上げると、すぐ、地方空港に運びます。次に羽田空港に空輸され、羽田空港内に新設された魚捌き場で捌かれ、配達便で、各店舗へ配達されます。

店に到着するのが、午後6時ですから、各中間点への到着・出発時刻は、下流から逆算します。羽田空港の魚捌き場での出発時間〜羽田空港への到着時間〜地方空港の出発時間〜漁港からの出発時間〜漁船が港に着く時間を、順に逆算します。したがって、漁師が港に帰る時間は、途中の所要時間によって異なります。東京から遠い地域ほど、漁師は、朝早くに港に帰る必要があることになります。

これは工場の工程管理では、「後工程引き取り生産」と言われ、日本が世界に誇る「トヨタ生産方式」です。これを行い、流通（物流）過程の無駄な時間を省くことにより、鮮魚にとって重要な品質である「特別に美味しい」という「品質の向上」が、得られることになります。

これに比べ、魚市場に、長時間放置される流通が劣ることは明らかです。

要点４「すべての土台は透明情報」強い会社と駄目な会社

結局、このような合理化を進める上での基本は、情報を透明に開示することです。しかし、透明情報の開示というのは、とても難しいのです。１つの会社の中でも、実は、大変なのです。

私は、昔、ある会社から社内版サプライチェーン・マネジメントをつくって欲しいと頼まれたことがありました。それでその会社に見に行ったのです。その会社の「ありのままの情報」を出してもらいました。これを検討しましたが、どうしても合わないのです。その結果、以下のことがわかりました。

（1）営業は、今期中に受注できそうな受注量を、少なめに工場へ連絡している。期末に、目標が達成できないと、本部長の責任が問われ、次期社長争いに悪影響が出るから。

（2）工場は、営業のこの動きを察知しており、期末に計画を超えて製造依頼が来るのを予見している。したがって、計画より多くつくる実施の裏計画をつくっている。

このように、本物は裏計画だとすれば、表情報をＩＴ化して経営管理しても、全く無意味なのです。企業の中の実態は、このようなことが多いのです。部門の壁を越えたサプライチェーン・マネジメントが確立していないのです。企業内サプライチェーン・マネジメントを確立して維持することは、容易ではありません。でも、これができているかどうかが、強い企業と駄目な企業の決定的な差です。これは業種に関係なく共通です。

透明情報正確伝達　作業効率の圧倒的向上

透明情報が正確に伝達されると作業者の効率も上がるのです。もう1つ、こんな経験もあります。私は、鹿児島で開かれた、早稲田大学建築市場研究会鹿児島大会で、夜、職人さんたちと、ビールを飲んで話をしました。私が、「建築市場に参加してみて、どう?」と聞きますと「仕事が3倍できます」と言うのです。木造住宅建設では、多くの職種の職人さんたちが関わって工事が進みます。しかし、メインの職種である造作大工以外の人、左官、建具工、クロス工、塗装工、電気工、給排水設備工等の人たちは、現場に入っても、一度にできる仕事は2~3日で終わってしまうのです。

このような職種の人は、現場を転々とし、1週間、毎日空けずに仕事をするのは難しいのです。自分が、何日に現場に入れるのか、見通しが立たないからです。正確な日は、直前にならないとわかりません。戸建て住宅の、このような職種の人は「忙しくて、今は、手一杯だ」と言っている時でも、「１週間に、３～４日働ければ良い方だ」と言われます。それが、「建築市場」の職人さんたちは、雨の降らない日は、１日残らず仕事ができていました。それは、正確で透明な情報が伝達され、確実に実施されていたからです。

以上が、第４次産業革命の４つの要点です。この詳細については、参考文献３を参照してください。詳しく書いてあります。

「モデル」を４つの要点と照らして見る

ここまで来ると、私が、なぜ、現実と随分違う「モデル」をつくったのかが、おわかりになったでしょうか。私は、サプライチェーンでは、「モノ」が上流から「お客様（使う人）」に流れて来ると見ています。ですから終点は、お客様です。新鮮な魚を、お客様に提供するサプライチェーンの場合には、「魚を食べる客」が最下流で、最上流は漁師でした。

林業～家造りサプライチェーンでは、最下流は「お施主さん」で最上流は「林業」です。「お施主さん」から「林業」へさかのぼって無駄を最小化すると、合理的な流れになります。ここで、起点になるのは「お施主さん」です。これが「顧客起点サプライチェーン」です。

また、お金はすべて「お施主さん」が直接支払っています。途中には、誰もいません。ですから、情報が透明なのです。駆け引きする人がいないのが良いのです。それは「味の素」と「セブンイレブン」の間にいた問屋が抜けて、情報伝達が良くなった例で、よくわかりました。そして、この姿が一番安いのです。これは「アマゾン」と「ヤマダ電機」の比較でよく分かりました。そして、「お施主さん」と「つくる人」が直接協力するのが、合理化の近道でした。これは「ウォルマート」と「P&G」のように、サプライチェーンを結ぶのが、一番良いのです。

このサプライチェーンの形成を助けてくれるロボットがいると最高なのです。このロボットは人型ロボットである必要はありません。コマツフォレストのハーベスタ（注3、4・参考文献3）に組み込まれたマキシエクスプローラ（注5）のような、コンピュータアプリ（注7）も、ロボットそのものです。スマホも、「つなぐアプリ」が入っていれば、ロボットなのです。

林業〜家造り、サプライチェーン・マネジメントはできる

金銭は施主が関係者に直接支払うようにして、さらに、その上で、力仕事や面倒な仕事は、ロボットの相棒がやってくれるとしたら、透明情報の流通した林業〜家造りサプライチェーン・マネジメントは、すぐできるのです。発注及び連携のアプリは、コマツフォレストのマキシエクスプローラのアプリを少し拡大すれば、容易にできるでしょう。

あとは関係者間の信頼関係です。それさえ築ければ、立派に実施できます。でも、ロボットの相棒は、まだ、あまり居ません。その開発を急がねばなりませんが、開発できるまでのつなぎは、人間が代行すれば良いのです。ロボットの相棒と同じように、駆け引きせず、嘘をつかず、裏表のない行動に努力する代理の人間がやれば良いのです。できる自信のある人に手を上げてもらい、やってもらえば良いのです。それで大丈夫です。

これができて振り返ってみれば、見本にしたユニクロのモデルそっくりの無駄のない、スリムな姿が実現しているでしょう。

日本人がロボットの相棒の代理を務めていけば、日本人はさらに凄い民族になっていくでし

ょう。今、日本人は、世界で尊敬され始めていますが、一層、敬愛されるようになります。もともと、日本民族は、凄い民族なのです。そのことに、強い思いを込めて書いた本（注10、参考文献5）があります。是非、読んでみてください。

第4次産業革命の本質　サプライチェーン構築

「お施主さん」と、森・製材工場・プレカット工場・工事現場、さらに、その間で「モノ」を運ぶ物流を、クラウドを通じて結びました。その結果、「林業」、「木材産業」、「建設業」の産業の間の壁もなくなっていました。よく、産業間の壁を壊して革命をすると言いますが、壁を壊す必要はないのです。壁は、いつの間にか、煙のように消えていくのです。ここでは産業革命が成就していました。その成就の鍵は、クラウドのアプリとそれを紡ぐ人間関係でした。「お施主さん」一人が、家造りに関連する「人」「組織」と直接、ネットでつながる。そうすると、「企業」と「企業」、「産業」と「産業」もつながるのです。産業革命の中身は、結局、「人」＝原点のつながりでした。世界を揺るがす物凄い大革命だと思っていた「第4次産業革命」も、本質は「サプライチェーン」の構築でした。

まとめ

- 顧客起点の発想こそが、産業革命のスタート
- 施主の直接発注を可能にするもの
- 第４次産業革命の４つの要点とは
- 受注と発注の上下関係がない取引の透明性
- 強い企業と駄目な企業の決定的な差はどこにある？
- 現代の産業革命は「人」＝原点のつながり、という本質論

（注1）参考文献1、顧客起点サプライチェーン・マネジメント：顧客が本当に求めているものを、顧客参加のもとに計画し、実際につくり上げていく管理体制。
（注2）参考文献2、pp.１３９〜１４０。
（注3）参考文献3、pp.１３８〜１４２。コマツフォレスト：林業機械製造販売会社。コマツが２００４年1月、スウェーデンのバルメットを買収して子会社化。本社、スウェーデン、ウメオ。
（注4）ハーベスタ：伐採を行う林業機械。
（注5）マキシエクスプローラ：ハーベスタに搭載されているＩｏＴ人工知能（ＡＩ）のアプリケーション。
（注6）建サク：建設工事の発注者と受注者を出会わせるマッチングサイトアプリケーション。参考文

献4、pp.27～52。

（注7）コンピュータアプリ：コンピュータアプリケーションの略。運営・管理のソフトウエア。略して「アプリケーション」「アプリ」とも言う。

（注8）参考文献4、pp.127～131。

（注9）コンストラクションマネジメント：建設プロジェクトにおいて、建設発注者から委任を受けたマネジャーが、中立的立場で全体を調整し、所期の目的に向かい運営する行為。

（注10）参考文献5

参考文献

（1）椎野 潤（2003年11月20日）「顧客起点サプライチェーンマネジメント 日本の産業と企業の混迷からの脱出 その道を拓く『建設市場』」流通研究社。

（2）椎野 潤（2009年11月11日）建設業の明日を拓く3 山と森と住まい 林野と共生する家づくり」（初版）メディアポート。

（3）椎野 潤（2017年2月20日）林業改良普及双書№186「椎野先生の『林業ロジスティクスゼミ』ロジスティクスから考える林業サプライチェーン構築」全国林業改良普及協会。

（4）椎野　潤（２０１０年12日24日）「建設業の明日を拓く5　建設プラットフォーム　新しい生態系の生成」メディアポート。

（5）椎野　潤（２０１４年1月24日）「日本の転換点で考える〜日本と日本人の歴史を見直して、今何をなすべきか〜」メディアポート。

第5回

林業成長への道　ロジスティクスと人づくり

透明情報の原点　非コントロール型の情報戦略

インフルエンサー・マーケティング

今、世界は激しく変化しています。今回は、その変化の根幹を理解していただきたいと思います。それには、聞き慣れない言葉を理解していただいて、憶えていただく必要があります。それは、ここで標題とした「インフルエンサー・マーケティング」（注1）です。この言葉は、今、世界でかなり多く語られていますが、日本国内ではほとんど耳にしません。それだけ、日本は遅れているのです。そこで、この言葉を説明したブログ（注2、参考文献1）を引用したお話から始めましょう。

ＳＮＳ上でのインフルエンサー・マーケティング

フェイスブックやツイッター等のＳＮＳ（注３）の情報量は、今、世界で急拡大しており、世界の人々に何かを知らしめるためには、これが最大のチャンネルです。このＳＮＳ上で人気のある個人的な投稿者に、何かを話してもらって宣伝する手法が、今、世界で広がってきています（注記、「ツイッターは、『自社は厳密にはＳＮＳではない』と主張していますが、ここでは、わかりやすく、これを含めてＳＮＳと呼びます」）。

米国の異色の大統領トランプ氏も、ツイッターを愛用していますが、そのような著名人ではなく、名もない一個人でありながら、その人の意見が人々の消費行動に影響を与える力を持つ「個人」が大勢、ＳＮＳ上に生まれてきています。ＳＮＳには、数千人以上のファンを持つ、このような「個人」が沢山いるのです。そのような個人をインフルエンサー（注１）と言います。

このインフルエンサーにとって、最も重要なのは、中立性です。インフルエンサーは、中立性について信頼を失うと、ただちに力を失墜させてしまいます。すなわち、インフルエンサーとして人々に取り上げられる言葉は、「究極の透明情報」です。発言者に「何かに制御（誘導）しようとする意図が含まれていると駄目なのです。その透明情報に、ＳＮＳ内の人たちは共感するのです。このような「個人」を活用したマーケティングを「インフルエンサー・マーケティング」（注1）と呼びます。

このブログでは、これが顕著に普及し始めている地域として、東南アジアを取り上げて書いています。東南アジアは、日本や中国に比べ、書店に並ぶファッションや旅行の情報誌が少ないのです。一方、スマホの普及でネット利用者が増加し、特にSNSは急速に浸透しています。したがって、東南アジアでは、もともと、知り合いの話を信じて買い物をする傾向が強いのです。したがって、これらの国々では、SNSの発信力に寄せる企業の期待は大きいものがあります。

しかし、この情報を利用しようとすると、発信者との相談に時間がかかります。また、宣伝内容を完全にコントロールすることは難しいのです。でも、インフルエンサーが築き上げた信用や影響力を活用することはできるのです。

インフルエンサーとファンは、共通の趣味やセンスで結びつくケースが多く、特定の層を狙った発信も可能です。化粧品やファッション、グルメなどで効果が高いとされています。資生堂は、タイでインフルエンサーを活用し、洗顔料のシェアを、1年余りで12位から5位に引き上げました。

インフルエンサーへの関心の高まりは、関連イベントの盛況ぶりからもうかがえます。２０１７年４月に開催された、アジア最大級のイベント「インフルエンス・アジア」には、約３０００人のファンが集まりました。また、イベントに関連する投稿は、６２００万件に達しています。

全日空は、シンガポールから、東北地方への旅について、インフルエンサー・マーケティングを使って、搭乗客を増加させています。

地方へ訪日客誘客　国もデジタルマーケティング導入へ

日本も人口減少が避けられないことが、いよいよ明白になってきました。それにより、内需産業の先細りの危機感が、さらに急速に現実味を帯びてきています。その現実を直視した時、外国人に日本へ来てもらって消費してもらうことは、未来の日本の産業と社会の活性の維持のために、極めて重要です。そこで政府は、その対策の長期戦略を具体化させています（注４、参考文献２）。

政府は２０２０年に訪日客を４０００万人とする目標を掲げていますが、このように訪日客数を増やすには、国内の訪問先を拡大させるとともに、多様な外国人客の掘り起こしが欠かせません。そこで政府は、重点的に誘致に取り組む20カ国・地域として、米英独仏のほか、韓国、中国、台湾、タイ、シンガポール、インド、ロシアなどを絞り込みました。

日本政府観光庁は、年内にも、国別に2020年と2030年の集客目標をつくり、訪日客掘り起こしの対策を打ち出します。デジタルマーケティング（注5）の専門部署も新設します。ここで各国のウェブサイトの検索データを分析して、訪日観光客の潜在需要を探り始めます。

現在、外国人に人気の観光地は、東京、富士山、関西を巡る「ゴールデンルート」に集中しています。また、2015年の訪日客の宿泊場所を見ると、東京都、大阪府、京都府が突出しており、地方での滞在が少ないのが現実です。

ここで訪日客を増やすには、訪日客のルートに地方を加えたり、ゴールデンルートを回った外国人が、2度目の訪日では、地方を回れるように促すことが重要です。2016年の訪日客の2024万人の構成比は、アジアが84％を占めており、大多数です。ここで、欧米の観光客を呼び込むことも重要な課題です。

そこで、今回の国家戦略では、国ごとに働きかけ方を変えます。例えば、トレッキング（注6）と温泉巡りが人気のドイツ人向けには、2017年夏から、北海道や九州などの具体的な観光情報を発信します。ドイツ人の富裕層に照準を合わせた旅行商品の開発も始めます。

ここで、私が注目しているのは、中国に対する戦略です。すなわち、ＳＮＳへの情報発信を増やすため、多くの中国人が注目するインフルエンサーの組織化を試みるのです。具体的には、インフルエンサーからＳＮＳ上で、日本の体験旅行などの隠れた魅力を発信してもらうのです。

中国には、凄く強力なＳＮＳ、「騰訊控股（テンセント）」（注７）があります。このＳＮＳのなかには、凄いインフルエンサーが、おびただしく多数いるのです。この人たちの力を借りて、日本の魅力をつぶやいてもらおうという作戦です。私は、数カ月前、この騰訊控股（テンセント）の力に驚愕して、ブログ（注８、参考文献３）を書いています。次は、それを読んで見ましょう。

中国のスマホ決済８億人　決済額は日本のＧＤＰを超える

中国のＳＮＳの最大手「騰訊控股（テンセント）」が、自社の運営する決済サイト「微信支付（ウィーチャット　ペイ）」（注９）を通じて、スマートフォン（スマホ）での決済を急膨張させています。この日読んだ新聞記事では、「今や中国では、街や店の至るところで、スマホで会計を済ませる姿が見られ、２０１６年のスマホ決済額は、中国全体で前年比倍増の６００兆円に達した。

財布も現金も要らない生活が、中国で現実のものとなり、主導するテンセントの勢いが止まらない」と書いています。

私は、2016年のブログで、ぼやぼやしていると中国に追いつかれると、書いていましたが、今、世界で急速に普及しているインターネット上の仮想通貨と「フィンテック」(注10)に関しては、もう、とっくに追い抜かれて、遥か先まで、引き離されてしまっているのです。テンセントの2016年のスマホ決済額は、1年で300兆円も増えました(前年の300兆円より倍増)。

中国全土で、テンセントで決済する人は8・3億人で、中国の電子商取引の雄、アリババ集団の4億人をあっと言う間に抜き去り、引き離してしまいました。テンセントは、日本の「LINE」に当たるスマホのアプリ「微信(ウィーチャット)」(注9)を展開していますが、その利用者は9億人と言われています。中国人は、このアプリで、常時、コミュニケーションを図っているのです。

インフルエンサーの力が短期間の普及を実現

テンセントは、このウィーチャットに慣れ親しんだ膨大な利用者を、この1～2年で、うまくスマホ決済へ誘導してみせました。8・3億人に、スマホ決済を使わせたのは、政府や地方官公庁など、上からの命令ではありません。大企業や銀行でもありません。SNSの中のリーダーシップのある個人のインフルエンサーの力なのです。

新聞は、「その手法は至って簡単です」と以下のように書いています。

(1) スマホのコミュニケーションアプリに、決済機能を盛り込む。
(2) 人海戦術で、あらゆる店のレジに、自社のスマホ決済専用の2次元バーコードを貼り付ける。
(3) 客は商品を選び、スマホをかざして読み取り、店主から聞いた金額を入力するだけ。わずか数秒で決済完了です。

これは「至って簡単」と言うよりは、「驚くべき発想転換」なのです。私たちは、これまで、「調査」し、「計画」を立て、「組織」をつくり、「実施」し「管理」していました。前節の政府の「訪日客の誘致」のように、何の疑問も持たずに、そのようにやってきたのです。しかし、8・3億人の国民に、1~2年で、スマホ決済を使わせる「計画」を立て、「組織化」し「実行」できるでしょうか。

そのように「計画」しなかったからできたのです。ウィーチャット（SNS）の中にいる、おびただしい数のインフルエンサーが、無数の国民を動かしたからできたのです。動かしたのは、国民を共感させた動機でした。その結果、日本の2016年の国内総生産（537兆円）を超えるスマホ決済が実現し、専門家も計算できないほどの経済効果を上げたのです。

そして、これを実現させた8・3億人の中国人自身の意欲の高揚も、また、想像を絶するものがあると思います。ここでは、これを実現した人々は、情報で管理されるのではなく、自らの情報発信自体に喜びを感じ、便利になり金融コストも低下した結果に、幸福感を味わっているのです。この改革には、若い感性が満ちています。

日本も、このような若い人の力による情報発信力を知り、活用する発想を持たねばなりません。これは、新しい金融「フィンテック」に限ったことではないのです。SNS内のインフルエンサーの牽引力に突き動かされ、個々人、一人一人の情報発信力で、巨大なマーケットを形成することに関しては、シェアリングエコノミー（注11）も同様です。

自転車や自動車の「ライドシェア」、個人の民家の情報発信力を引き出す「民泊」も、同じ構造の経済です。日本は、この発想転換が大きく遅れています。このまま気付くのが遅れていけば、世界の経済競争で、大きな遅れを取ることになるでしょう。私は、最近、中国の自転車のライドシェア大手の日本上陸に、大きな期待を持っています。次に、そのことに関するブログを、読んでみましょう（注12、参考文献4）。

中国発　シェア自転車　日本上陸

シェアリングエコノミー（注11）の動きについては、日本は先進国の中で、最も遅れています。これからの経済拡大の中心は、「モノ」の消費から、「コト」の消費に移行するだろうと言われています。しかし、その「コト」にあたる、国内産業の新しいサービスの具体的な拡大は、なかなか進展しません。これは戦後70年にわたって輸出産業が好調で、輸出により経済成長を続けることができたことから、国内の内需産業は、外からの侵略から守れば良いと考えられていたことに、大いに関連しているでしょう。

日本企業の海外事業の拡大による利益が、国内に還流しなくなってきています。人口減少の中で、このまま放置すると、国内消費がどんどん減少していく危険があります。今、日本では、内需産業の拡大、特に、国内での「新しいサービスの消費の拡大」を推進することが、極めて重要な課題になっています。

中国では、ライドシェア（相乗り）（注13）が急速に拡大しています。これは国民の消費の拡大を促し、経済の成長にも、大きく寄与しています。日本は、このような世界情勢の中で、いつまでも、一人、蚊帳の外にいるわけにはいきません。このような時、いよいよ、中国の自転車シェアサービスの大手が、日本に上陸します。どのような展開になるのか強い関心があります。

中国の自転車のシェアサービス大手、摩拝単車（モバイク、注14）が、日本に進出します。モバイクは、2016年に上海でサービスを開始したベンチャー企業です。しかし、事業開始から、わずか1年で既に中国全土で500万台を展開しています。さらに、中国の都市部では、ライドシェアの滴滴出行（ディディチューシン、注15）や、民宿アプリの途家（トゥージア、注16）など、スマホを使ったシェアサービスが、爆発的に広がっています。これが人々の社会生活を激変させています。

これらは皆、SNS内のインフルエンサーの牽引による、SNS内のメンバーの情報発信により、自己増殖しているものです。誰かが企画し実施したものではなく、自然発生的に、人々の個々の情報発信から生じた巨大経済です。

インフルエンサー牽引市場で活躍するベンチャーを支える資金力とは

このモバイクの活力の源泉は、少額のお金のやりとりを可能にする、スマホを使った電子決済サービスの普及と、ベンチャー企業に集まる豊富な資金力です。

これも騰訊控股（テンセント）の「微信支付（ウィーチャット ペイ）」といった電子決済サービスを基幹にしています。テンセントは、今や数億人が使う身近な「生活インフラ」として定着しました。

ここでもスマホ決済は、ベンチャー企業にとって料金を徴収する上で、重要な基盤となっています。モバイクも、中国での利用料金は、30分１元（約16円）と少額ですが、１日２０００万件分に達する利用料を、スマホ決済を通じて回収しています。

資金力の面では、モバイクは、２０１７年６月16日、テンセントなどの企業集団から、６億ドル超（約６７０億円）を調達すると発表しました。中国のベンチャー投資額は２０１６年は、日本の20倍超の3兆円規模に達したとされています。豊富な資金源が、新たなサービスの開発・普及を後押ししています。この稿で述べている、インフルエンサーが牽引する新市場の形成には、陰で資金を支える「エンゼル」投資家がいるのです。これも、極めて重要です。

この短期間で急拡大した、自転車のシェアサービス大手、摩拝単車（モバイク）が、このほど、日本法人を設立しました。モバイクは、スマホの専用アプリ（注17）を使い、独自開発したサービスを、２０１７年７月中に開始します。自転車に全地球測位システム（ＧＰＳ、注18）を搭載しています。利用者は、スマホで最寄りの自転車を探し、ＱＲコード（注19）を読み取ると数秒で開錠されて乗ることができます。

利用後は、利用料金が自動決済されます。当面は、30分１００円以下で試験提供すると見られています。

放置自転車対策として自治体も導入へ

交通渋滞の緩和や排ガス低減、住民の健康増進を期待して、シンガポールと英国が既に導入しており、日本は、同社の海外展開の３カ国目になります。

日本では、放置自転車の増加を防ぎたい地方自治体と協力する形で、サービスを提供する計画です。既に複数の自治体と最終協議中で、２０１７年内に東京都や関西圏など主要10都市程度への展開を目指しています。

モバイクは、日本で放置自転車の増加を防ぐため、自治体のほか、駐輪場を持つコンビニエンスストアや、レストランなどと協力して、駐輪場をあらかじめ決めるなどの対策を取る見通しです。ＧＰＳを使い、全車両の位置を把握できるため、違法駐輪した利用者に注意を促す仕組みなども検討します。

中国では、社会の混乱を未然に防止する規制が、日本に比べて遅れているため、このような事業の拡大が容易でした。これが、管理が徹底している日本社会の中で、どのように定着できるのかが注目です。

全体の大枠で規制緩和し、これで当然、いろいろな問題が生じるはずですから、問題が生じたところは、的を絞って迅速に対策を取る。これができるかどうかが鍵になります。それが進化・拡大しつつ、安全・安定を保つ社会をつくる時の唯一の道ですから、日本の自治体も、是非、これに勇敢に挑戦していただきたいと思います。

まとめ

- 究極の透明情報が、発信者への共感を引き出す
- 個人力によるマーケティングの推測不可能なスピード
- インフルエンサーの組織化は魅力発信力をどう高めるのか
- スマホ決済が急拡大した理由とは
- 「計画しなかったからできた」というパラドックスの威力
- 新市場形成を支えるエンゼル投資家の存在

このブログは、このように書いていますが、私は、ここで、ハタと思い当たりました。これは前述の中国のフィンテックの8・3億人のように進むのでしょうか。その真似は出来ないとしても、単に規制を緩和するだけでなく、ここでは原点から発想を変えてやっていただきたいのです。発想が根本転換できれば、少なくとも今までに比べ、桁違いに急速に、拡大・進展するはずですから。

(注1) インフルエンサー：世間に与える影響力が大きい行動をとる人物のこと。その様

な人物の発信する情報を企業が活用して宣伝することをインフルエンサー・マーケティングと呼ぶ。
（注2）参考文献1：日本経済新聞、2017年6月3日から引用。
（注3）SNS：「Social Networking Service」の略。ネット上で社会的なつながりを持つことができるサービス。
（注4）参考文献2：日本経済新聞、2017年6月7日から引用。
（注5）デジタルマーケティング：デジタルメディアを駆使したマーケティング活動全般を指す語。「Webマーケティング」を含む広範な概念。Webマーケティングはインターネットとwebサイトを中心に置く概念。一方、デジタルマーケティングはソーシャルメディア、モバイルアプリ、電子メールなども含む。
（注6）トレッキング：山歩きのこと。登頂を目指す登山に対し、トレッキングは山頂にはこだわらず、山の中を歩くことを目的とする。
（注7）騰訊控股有限会社（テンセント）：中国の持ち株会社。インターネット子会社を通じ、ソーシャル・ネットワーキング・サービス、インスタントメッセンジャー、Webホスティングサービス等を提供。本社、中国（広東省・深圳）。
（注8）参考文献3：日本経済新聞、2017年3月24日から引用。
（注9）微信（ウィーチャット）：中国大手IT企業テンセント（騰訊控股）の無料インスタントメッセンジャー

アプリ。微信支付（ウィーチャットペイ）は同アプリの決済サイト。

（注10）フィンテック：ファイナンス（finance）とテクノロジー（technology）を合わせた造語。ファイナンス・テクノロジーの略。ＩＣＴを駆使した革新的な金融商品・サービスの潮流。

（注11）シェアリングエコノミー：共有の社会関係によって統御される経済。

（注12）参考文献４：日本経済新聞、２０１７年6月17日から引用。

（注13）ライドシェア：「車を持っていて運転ができる人」と「車に乗せてほしい人」とをマッチングするサービス。ライドを「シェア」するサービス。

（注14）摩拝単車（モバイク）：中国の自転車シェアサービスの大手。２０１６年サービス開始。現在、中国全土で５００万台展開。日本での最初のサービス開始都市、福岡市。

（注15）滴滴出行（ディディチューシン）：中国でのタクシー配車とライドシェア（相乗り）サービスの最大手。創業者、アリババ出身者。ソフトバンク投資。

（注16）途家（トゥージア）：中国の余暇物件レンタル・サービスの最大手。中国版、エアービー・アンド・ビー。

（注17）アプリ：コンピュータアプリケーションの略。運営・管理のソフトウエア。

（注18）全地球測位システム（ＧＰＳ）：ＧＰＳ（グローバル・ポジショニング・システム、Global Positioning System）とは、アメリカ合衆国で運用されている衛星測位システム（地球上の現在位置を測定するシステム）。

（注19）ＱＲコード：デンソーが開発したマトリックス型二次元コード。ＱＲコードという名称はQuick Response（高速で読み取れる）に由来。現在ではスマートフォンの普及で世界的に使用されている。

参考文献

（１）椎野　潤ブログ「ＳＮＳ上でのインフルエンサー・マーケティング　急拡大」２０１７年６月12日。
（２）椎野　潤ブログ「訪日客　地方へ誘客　政府20ヶ国　地域ごとに対策」２０１７年６月22日。
（３）椎野　潤ブログ「中国スマホ決済　日本のＧＤＰを越える　テンセント　スマホ決済　急膨張　８億人」２０１７年３月27日。
（４）椎野　潤ブログ「中国発　シェア自転車　日本上陸」２０１７年７月１日。

第6回
日本社会の変化　「非雇用」の進化形
―シェアリング・エコノミーの可能性を探る

日本人は未来社会の変化についていけるのか
―管理される社会から自営する個々人が自己管理する社会へ

第5回のゼミに書いたように、中国人8・3億人が、短期間にスマホ決済に移行してしまうのをみると、社会が激変の時代を迎えているのを感じます。これは中国だけでなく、インド、ベトナム、ミャンマーも、皆、同様なのです。そればかりでなく、欧州の先進国の変貌は驚くばかりです。

日本は、このまま、変化できずに遅れていけば、世界の孤児になってしまうでしょう。しかし、日本でも、ごく最近ですが、この進化の兆しが見えてきました。そして、私は、ようやく、その突破の糸口を見つけています。

しかし、この進化を具体的に進めていくには、企業が個人を雇用する視点の大転換が必要です。また、雇用される個人の方にも、「雇用されるもの」ということよりも、自分も事業を運営している一人であるという自覚が必要です。さらに、この自覚ある自営者の集団が、活性ある組織を、自己形成していける仕組みづくりが急務になります。

さらに、これからの社会は、女性の活躍が鍵になりますが、主婦の社会での自営的な活躍と、これと企業との連携が、とても重要になるのです。

今回は、世界から尊敬され続ける日本人が、変化する社会の中で、どのように生きていけば良いか、また、日本社会をどのように誘導していけば良いかを探っていきます。

新時代への出発　第5回への大反響　誤解を払拭して再出発

私は、第5回で、「インフルエンサー・マーケティング」(注1)について書きました。今、急速に新しい時代が始まりかけているということを、お伝えしたかったのですが、これには、大きな反響がありました。多数のご意見をいただきました。でも、私にとって困ったこともありました。「日本人は、そんなに駄目な民族なのか」という問いが多かったのです。それは大誤解なのです。今回は、その誤解を解くことから始めねばならなくなりました。今回は、そこから始めます。

日本人は凄い民族　世界の知識人は激賞

日本人は、実は凄い民族なのです。今、世界の人たちから高い評価を受けています。2012年3月、私は75歳で早稲田大学を引退したとき、周囲の人たちと「椎野塾」という小さな塾をつくりました。一緒に勉強しようという人たちの、自由な集まりです。研究テーマは「未来の世界は創造するもの」「われわれは、どんな未来をつくりたいのか」でした。

この頃は、丁度、東日本大震災の直後でした。世界のメディアは、この大震災における日本人の沈着冷静さ、我慢強さに驚き、これを大々的に報道していました。多くの人がスマホを持つようになり、多数の被災者が、足下に押し寄せる津波の動画を撮影しましたので、迫力がある映像が、世界各地に配信されたのです。これまでの特派員が駆けつけて撮った映像とは、格段に違っていました。世界の人たちは、これを初めて見たのですから、驚きは大きかったのです。

特に、先進欧米諸国の知識人たちは「わが国は、日本の真似はできない。わが国は、このように、国民が１つにまとまれない」と感じたようです。欧米諸国には、人手不足を補うため、このころ既に、多くの移民が入っていました。これによる、国内の人心の分断を強く心配していたのでしょう。

日本人の美質とその長短

この調査のとき、外国の特派員が、日本人の美質を高く評価した言葉に、「和の社会をつくれる」「空気を読める」というものがありました。私は、この言葉が気に入り、その後、よく使っています。しかし、この美質の裏には、大きな欠点があるのです。イギリスの特派員は、「コインの表裏のように、この偉大な長所の裏には、重大な欠点がある」と指摘しています。その最大の欠点は、日本人は「決断しない。先伸ばしにする」ことです。このことを書いたブログがありますから、これを読んでみましょう（注2、参考文献1）。

「今、日本の小規模企業の数が、減少しています。1989年をピークに、2014年までに108万も減少しました。この内の100万は飲食業を含む小企業の減少です。日本の廃業の多くは、経済構造の変化や高齢化に起因するものです。ここで日本の本当の問題点は、挑戦して失敗したことによる廃業が、少ないことです。結局、あまり、挑戦しないのです。

ここでは「空気を読む」という日本人の美質が、欠点として現われています。すなわち、「周囲を見る」「誰も挑戦しないから、挑戦はやめる」のです。この風土のため、日本では、どんな立派なものが開発されても、国内で、事業として軌道に乗せるのは容易なことではありません。戦後、ゼロから出発して成功した企業の多くには、まず、米国で評価され、凱旋して帰国したものが多かったのです。今も、その状況は、変わらないのです。」

前回に書いた、中国では、たった1~2年で、8・3億人もの人が、仮想通貨を使ったスマホ決済に変われたのに、日本人は変われない。これは日本人の「空気を読める」という能力に関係しています。結局、皆、空気を読んで動かないのです。ここで、多くの日本人に改革を始めさせるには、なんとか、日本国内の空気を変えねばなりません。ところが、ここへ来て、急に空気が変わってきたのです。興味深い動きが、最近のブログ（注3、参考文献2）に書いてあります。これを読んでみましょう。

最近動き出した日本社会

中小の運送会社やベンチャー企業が、荷主とドライバーを仲介するシェアリングサービス（注4）に、相次いで参入しました。それは、配車サービス「Uber（ウーバー）」の物流版とも言える仕組みです。バイク便、セルートは、配送アプリ「DIAq（ダイヤク）」の提供を、2017年8月中旬から開始します。これはトラック運転手だけでなく、自転車や原動機付き自転車を持つ、一般の人も登録できます。

ベンチャーのCBcloud（シービークラウド）は、これまで企業間物流に限定していた「PickGo（ピックゴー）」を、2017年8月9日から、個人の利用も可能にしました。また、企業間物流のシェアリングサービスで先行しており、過日、ヤマト運輸との提携を発表したラクスル（注5）は、大阪や兵庫など関西圏での営業を開始しました。

ここへ来てシェアリングサービスが、続々と出発しています。日本のシェアリングサービスも、いよいよ、本格的な出発になったようです（注3、参考文献2）。

日本社会の変化　始動のトリガー

アマゾンが、新発想の物流システムを開始します（注6、参考文献3）。ここには、個人運送業者だけを集めています。首都圏の配送用に、1万人集めます。軽貨物車を1万台用意し、個人事業者に貸出します。個人を集めており、これに直接仕事を与えるのですから、下請けの多重構造は存在しません。

個人事業主は、個人事業者としての自由を保持した上で、安定的な仕事が確保できます。これは、アマゾンが、かねてから考えていた新しい雇用形態です。私は、アマゾンが直接やるのかと思っていましたが、今回は、丸和運輸機関（注7）に、任せるようです。ただし、寮はアマゾンが用意し研修も行い、業務品質の安定を目指します。

これは、シェアリングサービスを行う人に安定的に仕事を与え、集団化する姿です。日本社会がシェアリング・エコノミー（注4）社会に移行するのを見越した対策でしょう。これをみて、

シェアリング・エコノミーの領域

領域	事例
モノのシェア関連	フリーマーケット、レンタルサービス
場所・空間のシェア関連	ホームシェア・ルームシェア、農地、駐車場、会議室、リゾート施設、民泊等
スキル・知識のシェア関連	労働力、スキル代行サービス、技術・知識提供サービス
移動のシェア関連	カーシェア、ライドシェア、コストシェア
資金のシェア関連	クラウドファンディング

市場にいる、シェアリング・エコノミーを目指しているベンチャー企業が、一斉に動き出したのです。

働く環境改善へ　改革評価軸の抜本転換

ヤマト運輸も、新しい動きを始めました。（注8、参考文献4）。ヤマト運輸はシェアリングサービスを手掛けるラクスルと提携し、インターネット上で発注者（荷主）と受注者（運搬者）の仲介をするサービスを始めました。いままで電話やFAXに依存していて、標準化が決定的に遅れている、中小荷主・運送業者の、発注書・請求書・支払伝票等を整理します。

スマホアプリでの支払に移行することにより、

紙レベルの伝票は皆無になり、記載内容等も、必然的に統一されます。これにより、驚く程、受発注業務は合理化されるでしょう。運送業で、人手不足で苦しんでいるのは、運転手ばかりではないのです。

でも、その改善効果について、その成果を評価する視点は変えねばなりません。この改善で「〇〇円コストダウンできた。それで〇〇円儲かる」ではなく、この改善で「この人手不足のなかで、職場を明るくし事業を存続できた」と喜ぶべきなのです。

すなわち、物流業務で節約できた時間は、職場環境の改善に回るのです。それまで、中小企業のため、余裕がなくできなかった、新しい職場へ向けた様々な改善が「物流の改革によるコストダウン」によって実施出来るようになるのです。

管理される社会から脱出　自ら管理できる個々人に変身

「物流版ウーバー」が、スムーズに進展するには、皆が、中国人のように、スマホで簡単に決済できるようにならねばなりません。それには日本でも、フィンテック（ファイナンスとテクノロジーの合成語、注9）の仮想通貨が、もっと普及する必要があります。

さらに、アマゾンの新しい宅配システムが、うまく機能するには、個人事業主が、金銭の管理を、自身で上手にできるようになることが前提です。その意味でも、フィンテックの普及は、その成否の鍵を握ります。

日本でも、「Ｍｏｎｅｙ Ｆｏｒｗａｒｄ（マネーフォワード）」（注10）とか、「ｆｒｅｅｅ（フリー）」（注11）とかの小さいベンチャー企業が頑張っており、大銀行と協力して改革を推進しています。でも、これを、もっと頑張ってもらわねばなりません。国と社会の、さらなる支援が必要です。また、企業は「あまり個人を拘束しないで自由な、会社社会にしたい」と進めています。しかし、自由にして秩序のある会社社会にするには、個人、一人一人の自己管理レベルが、高くならねばなりません。マネーフォワードやフリーは、市民全体を、そのような方向へ、導いていってくれるでしょう。社会の変化が、これから急速に進展します。（注12、参考文献5）。

国民総生産を拡大するシェアリング・エコノミー

今、日本の企業でも、従業員を飼い殺しの会社人間にしないように、自由に働ける勤務社会にしていこうと改善を進めています。先に述べたシェアリングサービスの車運転も、このように会社が柔軟な対応を取ってくれるようになれば、普通のサラリーマンが、車と免許さえ持っていれば、仕事の空き時間に、シェアリングサービスで荷物を運ぶことができるようになるでしょう。

このような改革は、内需市場の中で、サービスの仕事を増やすのに役立つと思われます。家の空いているところを、民泊に提供するように、車が空いている時は、カーシェアリングで稼ぐ、そのような社会がシェアリング・エコノミーの社会です。これがうまく回転していける国が、国民総生産（GDP）を拡大していくことになるのです（参考文献2）。

主婦の起業の重み

このようなシェアリング・エコノミーの中の起業には、多くの勤め人が参加できますが、主婦も参加できるのです。これからは、女性の社会での活躍が、極めて重要です。

しかし、これを実現するには、「正規雇用だが、会社の組織に縛られない姿」や、「起業だが、会社設立など面倒なことがなく、余計な責任も生じない独立事業者」など、女性にとって気楽だが、責任のある仕事を、生き甲斐を持って行えるる体制をつくり上げていくことが、是非とも必要になってきます。

ソフトバンクが、このようなニーズに合わせた、新サービスを始めています。次に、それを書いたブログを見てみましょう。

ソフトバンクは、仕事の経験を持つ主婦50人と、業務委託契約を結びました。ここでは経験を積んだ女性を、大企業の正社員に紹介することも考えているようです。ここに参加する女性は、このサービスの下で、ずっと気楽に働きつつ腕を磨く道も、大企業の正社員になって、大組織の中での昇進を目指す道も、自分で選ぶことができるのです。

企業としても、社内で人材を育成するよりも、外で腕を磨いた人を、能力に応じて採用する方が、実務的でしょう。ここでは、今までの終身雇用ではない人事制度が生まれてきます。でも、このような企画は、人事部や企画部が考えるよりも、このビジネスモデルのように、外で自然発生的に生まれたものの方が、生きているシステムで、凄く有効なのです（注13、参考文献６）。

企業と対等の個人の出現　個人を企業の巨大な圧力から守る

シェアリング・エコノミーに参加して、起業する人や主婦が増えてきますと、このような人たちを守ってやる体制づくりが重要になります。これらの人たちは、企業等と正式な雇用契約を結んでいないことも多く、労働基準法等による保護も受けにくくなるからです。

この点に関する体制整備は、ヨーロッパが進んでいます。日本も先進する国々に習って、これを早急に整えねばなりません。これからは専門的な知識や技能を持った人材が、自由に、組織を越えて働けるかどうかが、国の国際競争力にとっても、極めて重要になります。日本が世界の中で、先進国としての地位を保っていけるかどうかは、この点にかかっているとも言えるのです（注14、参考文献7）。

なかなか、次世代にむけて、歩み出せない日本社会が、最近、動き始めました。「空気を読んで」じっと様子を見ていた、ベンチャー企業の起業志願者たちが、「動き出した空気」を読んで、一斉に「進化する和の社会」をつくり始めたのです。競争のスタートのピストルは鳴ったのです。

まとめ

- 下請け多重構造から自由な個人事業者とは
- シェアリングサービスが創る雇用
- 効率アップの成果は、「儲け」より「働く環境改善」へ
- 個人の財務管理能力を高めるツール
- 主婦の起業に対する新たな評価軸
- 「非雇用で働く自営事業者の力を引き出す」が、国際競争力アップに

この時にあって、林業から、素材生産、製材、合板製造、バイオマス、住宅づくりの長いサプライチェーンをなす人たちが、ここで一斉に動き出せるのか、これは日本の未来を占う試金石になります。

また、古くから産業として確立しており、近年の工業技術、特に安易なＩＴに汚染されていない林業は、無垢の身体のまま、この変化の出発点を迎えるのです。その進化の歩みが、どのような道になるのか、大いに注目されます。「この転換点で、林業に順調に動き出して欲しい」。これが私の、今の強い願いです。この本を読んでくださっている方々が、深い理解のもと、その一歩を踏み出してくださるのを、私は祈る思いで見守っています。

（注1）インフルエンサー・マーケティング：世間に与える影響力が大きい行動をとる人物（インフルエンサー）の発信する情報を企業が活用して宣伝すること。
（注2）参考文献1：日本経済新聞、2017年7月2日から引用。
（注3）参考文献2：日本経済新聞、2017年8月9日から引用。
（注4）シェアリング・エコノミー：物・サービス・場所などを、多くの人と共有・交換して利用する社会的な仕組み。シェアリングサービス：シェアリング・エコノミーの考え方により、行われる様々なサービス。
（注5）ラクスル：物流のシェアリングサービスを実施する企業。本社、東京（品川区）。設立、2009年9月。
（注6）参考文献3：日本経済新聞、2017年6月22日から引用。
（注7）丸和運輸機関：東埼玉テクノポリス内に本拠を置く物流業者。本社、埼玉（吉川市）。設立、1973年8月。
（注8）参考文献4：日本経済新聞、2017年7月7日から引用。
（注9）フィンテック：「finance（ファイナンス）」と「technology（テクノロジー）」を合体させた造語。ファイナンス・テクノロジーの略。「ICTを駆使した革新的・破壊的な金融商品・サービスの潮流」を示す語。
（注10）マネーフォワード：資産管理・家計管理ツール、クラウド型会計サービス提供企業。本社、東京（港区）。

設立、2012年5月。

（注11）フリー：個人事業主、中小企業向けのクラウド型会計ソフトウエアfreee開発企業。本社、東京（品川区）。設立、2012年7月。

（注12）参考文献5：日本経済新聞、2017年3月31日から引用。

（注13）参考文献6：日本経済新聞、2016年4月15日から引用。

（注14）参考文献7：日本経済新聞、2017年7月16日から引用。

参考文献

（1）椎野　潤ブログ「M&A　海外に熱い視線　国内市場縮み危機感」2017年7月22日。

（2）椎野　潤ブログ「物流版　ウーバー台頭」2017年8月17日。

（3）椎野　潤ブログ「アマゾン　独自の配送網　運転手一万人囲い込み」2017年7月16日。

（4）椎野　潤ブログ「ヤマト　企業間物流効率化　荷主・運送業者仲介」2017年7月25日。

（5）椎野　潤ブログ「信用金庫　フィンテック企業と連携　メガ銀行　会計アプリから直接振込」2017年4月12日。

（6）椎野　潤ブログ「ソフトバンク　主婦　自宅で空き時間活用　サイト制作を仲介」2016年4月26日。

（7）椎野　潤ブログ「プロ人材　移籍制限　歯止め」２０１７年7月30日。

第7回
「ユーズド・イン・ジャパン」
―輸出拡大へ、世界が認める日本人の高品質

第6回のゼミには、「日本人は凄い民族だ」と世界の知識人から激賞されていると書きました。ところが、世界の人たちが称賛している言葉が、もう1つあります。それは、今回、標題とした「ユーズド・イン・ジャパン」（注1）という言葉です。これは「日本人は凄い」と言う意味で言われているのですが、日本人自身は、あまり知りません。日本人は、もっと、自分のことを知る必要があります。それで今回は、この言葉を取り上げます。そこで、この言葉を説明したブログ（注2、参考文献1）を読んでいきましょう。

「日本人の信用」を得るビジネスモデル―新産業創生スタートアップ企業へ変身

ブログは、以下のように書いています。

「昔は廃品回収業と言われていましたが、その業種が、今は、新産業創出を誘導する事業者になっているのです。ここでは、事故車の買い取りを手掛ける企業「株式会社タウ」（宮本明岳社長）と言う企業を取り上げています。タウは、１９９６年の創業です。「全損」の車も含めて事故車を買い取っています。10万社を超える登録会員を抱えており、自社サイトを通じて販売しています。すなわち、タウは、事故車の買い取り会社ですが、現実の実体は、事故車を「再生商品をつくる素材」として、インターネット通販で、世界へ販売している会社なのです」。

海外では、品質の高さから、日本車の人気が高いのです。事故車でも飛ぶように売れていきます。タウの宮本明岳社長は「95％が48時間内に落札される」と言っています。

タウは、「ワケあり品」をネットを通じて、世界に販売する事業モデルの企業になっていました。その事業モデルを支えるのは、日本のユーザーが丁寧に扱った「ユーズド・イン・ジャパン」という信用です。今、日本は、日本製の商品だけでなく、日本人の評価が世界で高まっています。この事業モデルは、「日本人の信用」を売るビジネスモデルなのです。日本人の使用品の輸出が、今、凄く有望なのです。

その信用ある日本人が使用していた使用済みの資材が、信用される再生商品に生まれ変わるのです。ここで紹介された「タウ」は、もとの使用者の信用を基底とする「再生品創生産業」を出発させる「スタートアップ企業」だったのです。

世界の人たちは、「日本人は凄い」と言うときに、日本人の「真面目」「努力」「正直」「誠実」「清潔」「頑張る」「ねばり強い」等をあげ、さらに「和の社会をつくれる」「空気を読める」ことを強調しています。

この「日本人の凄さ」。「その凄さのすべてが詰まっている日本人」が、丁寧に使ってくれた自動車の部品は、「品質」が信頼できるのです。その部品を使っていた人の信用が、部品の信用を形成しているのです。これも、近年の日本の輸出競争力を担っている力の1つです。

「ユーズド・イン・ジャパン」のコスト低減力
―運行管理力の差で英国鉄道の運営を落札したJR東日本

JR東日本が、英国の幹線鉄道の管理を受注しました。これは世界から注目されました。ここでも、これを書いたブログ（注3、参考文献2）を読んでみましょう。ブログは、以下のように書いています。

「英国の鉄道は、1990年代に民営化されました。この際、駅やレールなどのインフラの管理と、運行サービスを分ける、『上下分離制』が導入されました。今回、JRが受注したのは、『運行サービス』です。今回落札したのは、英国中部にある約900kmの主要路線網です。ロンドンへの通勤路線のほか、ロンドンとリバプールを結ぶ長距離区間などが含まれています。ロ　ンドン・グループの落札した区間の乗降客数は、現時点で、約7400万人／年です。これは英国の中核鉄道路線です。この運営管理で、日本が期待に応えることができるのか、世界が注目しています。

この営業権は入札で選定されます。この入札には、現在この路線の運行管理をしている英国・

フランス連合も、参加していました。当初は、このグループが本命と目されていたのですが、ＪＲグループが逆転して、世界を驚かせました。ＪＲグループは、正確な運行管理を柱にした提案で、勝負をかけました。そして、日本人の真面目さや誠実さ、日本の鉄道技術と運行管理水準の高さを運行実績で示して売り込んだのです。選定委員会では、これが高く評価されました」。

日本の新幹線が、永年にわたり事故がなく、1分の遅延もなく運行されているのは、日本の鉄道車輌、線路、信号などのハード・ソフトの「モノ」ばかりでなく、それを維持してきた人が、より重要だと言うのです。ですから、古くから、現地に精通している英国の鉄道会社の人たちより、日本人が選ばれたのです。人間の知識・技術では、強力なライバルがいましたが、世界の知識人が絶賛しているような民族の特性については、ライバルはいなかったのです。

また、このことを知っている人に聞いた話では、日本人の人間としての信用は、コストにも、影響しているのです。日本人が運転・運行管理をしたら、他国に任せるよりも、設備が長期間劣化しないという信用が、ここでは確立しているのです。つまり、機械・設備の償却年数を長く見積もることができるのです。これは結局、「ユーズド・イン・ジャパン」のコスト低減力でした。

「ユーズド・イン・ジャパン」の教育力
―「日本人がどう考え、どう行動しているか」を学ぶ海外インターン大学生

それでは、どうして日本人は、そんなに凄い人たちに、なれるのでしょうか。それは結局、教育なのです。これについても、このことを書いたブログ（注4、参考文献3）があります。それを参照してみましょう。このブログは、以下のように書いています。

「セブンイレブン・ジャパンは、ハノイ国家大学、外国語大学など、ベトナムの6大学と提携しました。日本語をある程度話せる3年生を中心に、各大学から2～3人のインターン生を受け入れます。首都圏のコンビニで週40時間、有給で働いてもらいます。店舗運営や商品の発注を学んだり、弁当などの工場を見学したりする機会を設けます」。

ここで重要なのは、「凄い日本人」と一緒に働き、毎日、おびただしい数の日本人の客と接

し「日本人がどう考え、どう行動しているか」を身につけていくのが凄いということなのです。これは「ユーズド・イン・ジャパン」の人材育成です。この学生たちの訪日の最大の宝物は、日本人の礼儀、真面目、信頼感など、今、世界で評価されている、日本人と日本人社会の凄さを、体感して身につけて帰れることなのです。

ですから、重要なのは、毎日、日本人と接する環境なのです。「教室にベトナム人ばかりを集めて、日本人の講師が「日本人の特質は」などの講義をしても駄目なのです。私は、ここでは、「ユーズト・イン・ジャパン」の環境において、「ベトナム人を日本人と同じように育てる」ことを教育と呼んでいます。日本国内では、それは日常の生活として、常に行われているのですが、それを「教育」とは呼ばず、他のことを「教育」と呼んでいると思います。

しかし、このことから、「日本人のようになりたい若者」が、「日本人社会の中で過ごすことを目指して日本に来る」時代が、もう、すぐそこに、きているように思います。

世界の食卓を変えた日本食の鮮度

ここまでは、「ユーズト・イン・ジャパン」の凄さの塊である「日本人を生み出す社会」のことを述べてきましたが、この社会が生み出すのは、「人」ばかりではないのです。「モノ」も生み出します。この生み出す「日本人的なモノ」の代表として、日本食について、お話ししてみましょう。

世界の人たちが称賛する日本人の心が、世界を変えたものと言えば、世界の食卓も、そう言えるのではないかと、私は思っています。日本食は、かなり以前から、世界の人たちに注目されていましたが、最近、よく聞くのは「鮮度の重要性に気付かされた」という言葉です。

日本食が牽引して、世界のどの国の料理も、生鮮品の鮮度が良くなっています。「鮮度の良いものは美味《うま》い」という、ごく当然のことに、改めて気付いたのです。私は、日本人社会で、生鮮食品が高鮮度を維持されている力は、やはり「ユーズド・イン・ジャパン」だと思います。

生鮮品の鮮度が良いのは、日本人の性質がもたらしているのです。日本人が使っていた車だから「ユーズド・イン・ジャパン」で、中古車が飛ぶように売れ、鉄道の管理も任せたくなるように、魚もまた日本人が収穫して運ぶから美味い魚が食べられるのです。

イオンが、各地の腕利きの漁師が獲った一押しの魚を、直通で店頭に運び、美味い魚を食べられる道を復活させたブログ（注5、参考文献3）があります。これも参考になりそうです。読んでみましょう。ブログは、以下のように書いています。

「イオンは、全国漁業協同組合連合会（全漁連）と連携して、石川県産の「加能ガニ」や神奈川県産の「松輪サバ」など、各地の漁師が一押しする水産物の販売を開始します。まずグループの総合スーパー約３５０店で販売し、順次食品スーパーなどに取り扱い店舗を広げます。

全漁連は、すでに２０１４年から、季節ごとに各都道府県の一押し水産物を選び「プライドフィッシュ」と名付けて販売していました。大きさや水揚げ海域など、独自に厳格な基準を定めています。これは現在、約１３０種類あります。季節によって異なりますが、イオンは約１３０種類のうち通常１～２種類、毎月15日の「地物《じもの》の日」には30～40種類販売します。魚介類は産地が指定されるため、全国展開のイオンでも、地域や店舗ごとに、扱い品種は当然異なります。これで文字通り、地域特産品になります」。

これは、スーパーの全国展開と魚の大量購入により、本当に美味い魚の供給が、失われてきているのではないかと憂慮したイオンが、美味い魚の復活をかけた取り組みを書いたものです。このブログは２０１５年のものですが、この頃から、日本の鮮魚の美味さは復活してきています。

新鮮な魚の美味さを食べ分ける感性。これも日本人の特質です。それを供給できる集団も、ユーズド・イン・ジャパンの社会です。この日本人の味覚の感性と日本人の心がこもった流通。これは、これからの輸出の大項目です。

「日本人の心を持った宅配サービス商品」—ヤマト運輸　中国全土に低温物流網

この生鮮品の宅配を、あの広大な中国全土で、ヤマト運輸が始めています。これもブログがあります。これを読んでみましょう。

「ヤマトホールディング（ヤマト）と中国のネット通販2位の京東集団（JDドットコム）は、2016年4月に、越境EC（電子商取引）（注6）で提携（注7、参考文献4）していました。この両社は、2017年7月、提携拡大で基本合意しました。生鮮食品を冷やしたまま運ぶヤマトのノウハウと、京東の物流網を組み合わせて、中国で初めて全国をカバーする低温物流網を構築します」。

アジアでは、ネット通販が急拡大しています。でも、配送のインフラは、まだ、未整備で、荷物の遅配や紛失などの事故も起きています。しかし、ヤマトが、日本国内で提供している時間帯指定や保冷輸送というサービスは、日本人の「ユーズド・イン・ジャパン」の心を込めた「お届けシステム」です。ヤマトの日本人の心を持った宅配に、中国の京東集団の爆発的な推進力の合体があれば、世界を変える力があると期待しています。

水リスク対応の技術サービス力―世界一品質の原点となる水の品質を高めたい

日本人の食事と日本人の関係を、深く考えてきましたが、日本の食事の原点は、やはり、「素材」だと思い当たりました。そして、はたと思い当たったのが「水」です。日本には、世界一おいしい水が豊富にあります。これも日本人の凄さを生んでいる原点なのでしょうか。一方で、人間は、飲み水がなければ、地球上で生存できません。古代の大文明の多くが水の欠乏から滅亡しました。これは歴史が示しています。

実は、現実の新興国の経済発展などにも、水が重要になってきているのです。これに関しても、ブログ（注8、9・参考文献5、6）があります。読んでおきましょう。ブログは、以下のように書いています。

「今、世界的に『水のリスク』が高まっています。世界の低開発国の開発が進み、経済規模が大きくなるほど、「水リスク」は拡大するのです。経済協力開発機構（ＯＥＣＤ）は、２０５０年までの半世紀の間に、世界の水の需要は5割以上増えると予測しています。また水不足となる人口が世界の4割になると試算しています。新興国の人口増加や経済成長で、水の使用量は拡大します。温暖化が原因の干ばつも増えると予想されています。

一方で、水で苦しみ抜き、今、その水が国の経営を支えている国もあります。自国の水の自給に、大きな不安があったイスラエルは、飲料水の製造に心血を注いできました。「そんなもの、製造しても儲からない。」と、どこの国からも相手にされなかった技術を磨きに磨き、今や、その技術を輸出して、国を支えるまでになったのです。

日本各社は、今、「水リスク」への対応を進めています。サントリーは、２０１７年度から、果物やコーヒー豆の生産先など、海外の主要な取引先数十社を対象に、水の使用状況の調査を始めました。東京大学と共同開発した世界各地の水リスクを評価するシステムと組み合わせ、リスクがある取引先や原料品目を特定し、計画を策定します。

武田薬品工業は、薬の製造に合わせた水リスク評価指標をつくりました。各薬品の製造に必要な水の純度や利用量などを算出しました。世界の拠点ごとに生産する薬品と水の使用状況、現地の水資源などを照らし合わせて、3段階の水リスク評価を始めました。最もリスクの高い評価となった拠点は、本社が主導してリスク軽減策を講じます」。

日本国内は、清冽な水が豊かですが、その良質な水を守っていくことは、極めて重要です。メイド・イン・ジャパンの日本産の世界一の品質の原点となる水の品質。この世界一の水を、さらに磨きあげて維持していく必要があります。また、その最上級の水を量産して、重要な輸出品にしていくことも考えるべきです。天の恵みの水を守り続けて、世界の水に困っている人たちを助けるのは、日本国と日本人の天職です。

日本の大自然の品質「ユーズド・イン・ジャパン」

ところが前節で、「世界一の水を、さらに磨き上げて維持していく」と書きましたが、これは誰が磨きあげるのでしょうか。人間ではありません。これは日本の大自然です。山に降る雨を、森と木が受け止め、複雑な地層を潜り抜けさせ、長い年月をかけて、泉に湧出させる。この水は、この間に、大自然が磨きあげてくれるのです。

まとめ

- 使用者の信用が価値を生む再生品創生産業
- ユーズド・イン・ジャパンのコスト低減力とは
- 「日本人のようになりたい若者」が日本で学ぶもの
- 「日本人を生み出す社会」の役割を日本人は理解しているか
- 「日本人の心を持つサービス商品」に世界が注目する理由
- 日本品質の源泉－日本人、日本人社会、そして大自然の振舞

中古自動車や鉄道の運行の「ユーズド・イン・ジャパン」の主人公は日本人でした。セブンイレブンの教育の主人公は、日本人社会でした。ここの主人公は、さらに広大なのです。日本の大自然なのです。日本の水は、日本の大自然の振舞いによるユーズド・イン・ジャパン製品なのです。

そうすると、山で育っているスギも、ユーズド・イン・ジャパン製品として、日本人と同じ凄さを持っているのでしょうか。私は、ここで、凄いことに思い当たりました。2008年に訪問した、福島県の四季工房の「四季 ゆいの郷《くに》」にあるスギの建物です。この建物の中は、

本当に不思議と心静まる空間でした。体験したことのない心の落ち着きをもらいました（注10、参考文献7）。後で、四季工房の代表取締役・野崎　進さんに伺ったところ、それはスギの不思議な力だと言われていました。私は、ここで気が付きました。「スギは空気を読む」のです。「和の社会をつくる」のです。

（注1）ユーズド・イン・ジャパン：世界の知識人が称賛する日本人が、丁寧に使ったものだから、中古品でも信頼できる。
（注2）参考文献1：pp.28～30。椎野　潤ブログ、スタートアップ企業　循環型社会の新産業の担い手、2017年9月13日。日本経済新聞、2017年9月4日から引用。
（注3）参考文献2：日本経済新聞、2017年8月11日から引用。
（注4）参考文献1：pp.45～47。椎野　潤ブログ、セブンイレブン　ベトナム学生　インターン受け入れ、2017年9月21日。日本経済新聞、2017年9月8日から引用。
（注5）参考文献3：日本経済新聞、2015年11月14日から引用。

（注6）越境ＥＣ（電子商取引）：インターネット通販サイトを通じた国際的な電子商取引。
（注7）参考文献４：日本経済新聞、２０１７年7月12日から引用。
（注8）参考文献５：日本経済新聞、２０１７年8月14日から引用。
（注9）参考文献６：日本経済新聞、２０１７年8月19日から引用。
（注10）参考文献７：pp.１３７。

参考文献

（1）椎野　潤（２０１７年10月15日）「椎野　潤ブログ集　２０１７年9月号「日本の品質」を知る　サービス輸出の時代へ」メディアポート。
（2）椎野　潤ブログ「英鉄道の運営落札　ＪＲ東日本など」２０１７年8月18日。
（3）椎野　潤ブログ「漁師一押しの鮮魚を販売、イオン　全漁連と連携」２０１５年12月６日。
（4）椎野　潤ブログ「ヤマト　中国全土に低温物流網　中国ネット通販　京東と提携強化」２０１７年7月24日。
（5）椎野　潤ブログ「イスラエル　水技術で稼ぐ」２０１７年8月25日。
（6）椎野　潤ブログ「水リスクに備える　サントリー　武田薬品工業」２０１７年8月24日。
（7）椎野　潤（２００９年11月11日）「建設業の明日を拓く3　山と森と住まい　林野と共生する家づくり」メデ

イアポート。

第8回
「スモール」にこそ飛躍の可能性
―地方創生の技術・経営イノベーション

今、世界は凄く動きが早い時代を迎えています。大きい組織は、この早い動きに対応するのが難しいのです。むしろ、小さい組織「スモール」に追い風が吹いています。

新世代医薬、人工知能（AI）（注1）・IoT（注2）、フィンテック等の最先端の、驚くべき開発は、大企業の開発部門の英才たちではなく、「スモール」なベンチャービジネスの中で生まれています。このことは「スモール」とは対極的な大組織は、今、活力に欠け、俊敏性のない姿になっていることを示しています。

今、人口減少のもと、地域の人たちは、組織が小さい、事業規模が小さい、人口が少ない、首都圏から遠いことを、遅れていく要因として心配していますが、実は、そんなに、心配する必要はないのです。このような時代になってくると、人口が少ないアクセスが悪い地域の方が、有利である点を探した方が良いのです。

地域の町全体をIoTでつなげる、先進的な実験が始まりました。今日は、この事例を書いたブログを読んで、連載を書き始めましょう。

活性化の原点　地域創生とは「地域全体のIoT」
―静岡県藤枝市が取り組む新技術の検証

これは静岡県藤枝市が実施している「市全体のIoT」の実現を目指した取り組みです。藤枝がIoTの実験都市に向って、走り出しました。それは2016年にソフトバンクと包括連携協定を結んだのがきっかけでした。今、市内の各所で、最新技術の実験が始まっています。地方創生に向かう先端技術で商機をつかもうとする企業は、全国に多く、今、藤枝市は、凄く注目されています。

藤枝市が、IoTに投じる予算は1億円です。これに対して、「市が整備しても、先行できる期間は短いのではないか」という批判もあります。しかし、北村正平市長は、IT（情報技術）の世界は、1、2年のアドバンテージが決定的な差となり、産業政策の効果は大きく変わる」

と指摘し、山間地から街中まで、最も適した場所で、農業や福祉、商業など様々な実験を進めてもらうと言っています。

実験に参加した人たちは、この藤枝市の職員が熱心で、対応が迅速なのに驚いています。市の職員の積極性と活性化。これは地域の活性化の原点となるでしょう。ここで地域の人たちに活性が戻ってくれば、活性を求める積極的な人たちが集まってきます。これで、地域は創生するのです（注3、参考文献1）。

書き始めに「スモール」の方が良いと言ったわりには、藤枝市は、少し大きいのです。本当は、もっと「スモール」な地域の方が、効果が早く見えてくるでしょう。私は、実は、市街地よりも山間地を先に、やってみたいのです。

山で働く、山の職場と居住地域。「山と地域全体のＡＩを高度に使ったＩｏＴ」が、一番早くやりたい実験です。でも、「こんな山間部で、そんな進んだ『人工知能』が使えるはずがない。俺はＡＩのことは何も知らないんだ」と言う先入観が最大の障壁でしょう。思い切ってやってみることです。

人口減少に挑戦するセコマ（北海道）　「スモール」を成立させる意志とロジスティクス

このように最先端のＡＩやＩｏＴを持ち出さなくても、「スモール」を自立させる強い意志を持ち、これを達成させている人たちもいます。北海道で、日本唯一の地場の大コンビニエンスストアを成立させている「セイコーマート（以下、セコマ）」（注４）です。日本のコンビニは、全国制覇の大手に支配されていますが、北海道の「セコマ」は、唯一の例外です。

このコンビニは、地域を助ける気持ちが強いのです。各地の加盟店で、後継者がいなくなり、その多くが消滅の危機に直面しましたが、それらの店舗をセコマが引き継ぎました。現在、直営店比率が８割に達しています。

２０１７年8月18日の日本経済新聞には、人口１２００人の初山別村の食品店の廃業に際し、村民を助けるために、出店した時の苦労が、丁寧に書かれています。コンビニエンスストアは、商圏人口が３０００人必要だと言われています。「少なくとも２０００人は、いなくては」ということです。それを、人口１２００人の村で、存立できる道を探ったのです。

このように、地域を助けてきた中小の商店チェーンは、全国に沢山ありました。それが力尽きて、ファミリーマート等に統合されてきたのです。私はセコマがここまで頑張れたのは、ロジスティクスの重要性に着目していたからだと思います。北海道のような広大な土地に、店が散在する地域では、特に、この店の間をつなぐ物流網の構築と、その運用の適否が生命線です。

セコマは、15年ほど前から100億円を投じて、道内各所に物流施設を設け、自社グループの店舗、工場、生産地などを結ぶ物流網を整備してきました。初山別村への配送は、車で南に20分ほどの羽幌町の店舗から足を延ばしています。

セコマは、北海道では、圧倒的な地位を築きましたが、新規出店による成長は、いずれ頭打ちになるのは目に見えています。そこで自ら原材料まで手掛ける独自商品の外部販売に活路を見出しています。2015年から、イオングループなどとの取引を本格化しています。スーパーやドラッグストア、ホテルチェーンに、販路を拡げ、乳製品や水産物、野菜の加工品などを卸しています。

これから、さらに人口減少が続く日本では、このような状況は、どこにでも起こるのです。「地域の仕事は、地域の力で何でもする」という強い信念と実行力、粘り強さが、ここでは絶対に必要です。林業が支えている山間地の未来像を描く上でも、「セコマ」の生存への努力の軌跡は、参考になると思われます（注5、参考文献2）。

ここでは、強い信念と粘り強い実行力が必要です。それには、「スモール」の人間の団結が前提になります。

エネルギーと農業の親和性を生かす―きのこ栽培と太陽光発電

日本の自然エネルギー拡大にとって、重要な位置を占めていた「太陽光発電」は、近年、計画の見直しが進んでいます。買電価格の大幅な引き下げもあり、この事業から撤退する企業も出ていました。しかし、最近、太陽光発電事業の収益モデルを見直す挑戦が、再び始まっています。小売業等に太陽光パネルを貸与して、屋根の上などに置いて発電させ、その電力を自家消費させるモデルが登場しました。さらに、この発電事業を農業と併営する「営農発電」も現れたのです。これも、「スモール」で容易に対応できる事業モデルです。ここでこれを紹介しておきましょう。

日立キャピタルは、大和ハウス工業などと組み、耕作放棄地で、農家が農業をしながら発電する「営農発電」の事業を始めました。両社は、再生エネルギー事業のベンチャー、サステナジー（東京・港区）と組んで、この事業を開始しました。日立キャピタルは、太陽光発電設備を、初期費用がかからないリース方式で、農家に供与します。一方、農家は、農地に設置した太陽光パネルの下で、キクラゲを栽培します。キクラゲは、日照が少なくても栽培できます。

これは農地でなくても可能で、山の人たちも、自宅の周りでも実施できます。森の周辺でもできます。森の中では、「キクラゲ」以外でも、様々なものの栽培が考えられるでしょう。2つの収入源は、それぞれは小さくても、2つ合わせれば力になります。様々な「スモール」を組み合わせる。これも大切です（注6、参考文献3）。

アプリが酒蔵案内役を―日本の地方が大人気　外国人に世界有数の魅力を伝える

観光庁によると、訪日客の宿泊者数は、2017年5月、地方で前年同月比23％増を記録しました。同時期に14％増えた3大都市圏の伸びを上回ったのです。しかし、伸びた県と縮小した県とが対極的になりました。ここで、優劣を決めたのは、アプリ（注7）の利用の熱意の差だと思われます。

ここで、新聞に紹介されている、アプリの一例を書いてみましょう。このアプリは、訪日客を「ソムリエ」にするアプリです。地方活性化事業を手掛けるmybase（マイベース、東京・新宿区）は、多言語で酒蔵を紹介し、人工知能（AI）で利用者に、最適な日本酒を提案するアプリ「サケベル」を、開発しました。

東京都福生市の石川酒造では、最近、訪日客の見学が増えていますが、「英語での対応は困難」として、このマイベースのアプリに、酒蔵の案内を任せることにしました。サケベルは、地域ごとの酒蔵の検索機能を備えており、酒蔵の歴史や特徴を多国語で説明します。日本酒の瓶のラベルに、スマホをかざすと、自動翻訳で、日本語を他言語に変換してくれます。

多言語対応のアプリは、訪日外国人に、日本を楽しんでもらうための、強力な武器です。特に、地酒、新鮮食品、工芸品など、特産品を紹介し、観光名所を案内したい時には、各地のものをAIに記憶させておけば、見事に案内してくれます。今、小さいベンチャー企業が、どんどん、アプリの開発に取り組んでいます。地域の強力な助っ人になってくれるでしょう。このアプリを積極的に使えるかどうかで、これからの地域創生の消長が決まると思われます（注8、参考文献4）。

山の人たちが住まう山間地にも、地域の酒蔵はよくあります。ここも、「スモール」が良いのです。住んでいる地域のちょっと下にある酒蔵。これと「スモール」なチームを組むのです。「スモール」なほど、「俺たちの酒だ」と強い愛着が生まれます。

外国語はAIロボット君に任せましょう。でも、ロボットといっても、スマホの中にいるアプリです。日本語を読んで、外国人観光客の自国語で、スマホが話してくれます。

家族単位の民泊に期待
―地方の居住空間、衣食住文化、方言の日常的もてなしを高付加価値化する商流改革

私が民泊に期待していたのは、個人の家庭が、意欲を持って、ファミリーベンチャー企業として、ささやかな収入を得て、それ以上に、海外の新しい友だちを増やしていって、人生を充実させて生きていくという「モデル」でした。

今回、楽天が民泊に本格参入してくれました。楽天はインターネット上に構築した仮想商店街で、多くの意欲のある個人をベンチャー企業に育ててきた企業です。この仮想商店街を育ててきた楽天が、民泊に本気で参入してくれたのを、私は凄く嬉しく思います。

民泊は、今、不動産業界の金儲けの手段になる危惧が増大していますが、この楽天が、民泊を長期的に望ましい方向へ、誘導してくれるだろうと期待しています（注9、参考文献5）。

私は、外国人が、各地の「スモール」な地域の家庭の家に泊まり、日本と日本人を理解し、親しくなる姿を理想と考えています。それには、民泊の経営単位は、最少の「スモール」であ

る「家族単位」が最高だと思います。来てもらう外国人も「家族単位」が一番でしょう。気に入って長くいてもらう。たびたび来てもらう。そして、相手が海外にいるときは、スマホで常に会話しましょう。会話はロボット君を頼りにすれば良いのです。

元気のいいアパレル「地域ブランド」―顧客の速い変化に対応する中小企業の敏捷性

日本のアパレル産業は不振が続いています。しかし、最近、地域の小企業の特別な品が、人気を集め始めました。大手アパレルの下請けを脱し、生き残りを懸けて独自に立ち上げた「ご当地ブランド」が、人気を集めているのです。インターネット通販の普及で、販路のない地方企業でも、消費者の目にとまりやすくなったのです。品質の良さや丁寧な仕事ぶりで評価が高い国内産が、全国で芽を出しています。

２０１７年６月３日の日本経済新聞の記事では、熊本県人吉市のシャツ製造の小企業、ＨＩＴＯＹＯＳＨＩの人気上昇を取り上げています。この会社は、素材や着心地にこだわった白シャツを売っています。この記事では、このシャツを買った人が「一度、この品質やこだわりを知ったら、大量生産品は買えない」と言った言葉を掲載しています。このシャツは、多量生産にはない良いところを、明確に示せたのが、強みだったのでしょう。

しばしば「地域ブランド」が注目されますが、ここでは、ブランドの背景にある「品質」と「特徴」が重要です。また、社会の成熟化により、顧客の「モノ」を見る眼が肥えてきており、市場の変化にも、凄く敏感です。ワールドが、「新潟ニット」「長崎シャツ」の取り扱いを開始し、売上が好調なので、地方の工場を前面に出した「ご当地シリーズ」を増やすと言っています。しかし、各地の工場が、市場の変化に、迅速に対応できる敏捷性を保持し続けられるかどうかが、鍵を握るでしょう。

組織が死んで敏捷性がなくなったら、すぐ駄目になります。組織を生かし続けるには、どうしたら良いのでしょうか。体制が「小さい方が良い」と言うのも、重要なキーワードになると言えそうです（注10、参考文献6）。

元気でスモールな集団で形成される日本は幸福な国

今、世界は大きく動いています。新しい産業や技術が、次々と生まれています。しかし、これとの競争に負けた古くからの産業は、どんどん消滅していきます。でも、この消滅する産業にも、これまで頑張ってきた人たちがいるのです。そこに注意する必要があります。

日本の小企業は、今、大量廃業時代を迎えています。２０２５年度の時点で、リタイヤを迎える個人事業主は、２４５万人います。その半数は、後継者が決まっていないと言われています。なんとか、後継者を見つけて事業を継承させねばならないのです。しかし、その70％の人は「自分の代で事業はやめる」と言っています。

新しい技術が、どんどん生まれ、自分が築きあげた技術が古くなり、消えていきつつあるのを実感しているこの人たちは、若い者に、事業を継がせたら、自分の築いた技術を、壊してしまうと考えているのでしょう。そんなことになるくらいなら、自分は静かに消えていこうという心境なのです。高額での買い手がつくのに、企業を売らないで廃業を選ぶ、この人たちの心情を、察してあげねばいけません。

その点では、今日書いた事例の中で、藤枝の人工知能（ＡＩ）、ＩｏＴの導入に希望を持ちました。藤枝市の職員の眼が輝き、活性に満ちていたからです。ＡＩ、ＩｏＴの未知の世界に、関わったことで、今まで、自分の知らなかった未来に、希望を見たからでしょう。

「新時代の到来で、自分はついて行けなくなった」「長い間かかって、整備してきたことが、無駄になった」と思っているのは、高度技術を持っている人ばかりではないのです。このような人たちを、皆、救済しなければ、なりません。

でも、藤枝のような活動によって、皆で、自分でつくり上げたものが生まれ変わって、大きく羽ばたいていくのを見ることができるのです。そして、また、それに未来の人生の夢を託すことができるのです。それには、やはり「スモール」が良いようです。大企業や大組織の会議の席では、それは生まれません。

今回、繰り返し述べてきた「スモールが良い」ということにも、スモールの中の人に、夢と意欲と情熱がなければ駄目なのです。本田技研工業（ホンダ）の創業者、本田宗一郎さんが、小さい町工場で、二輪車の開発をしていた、あの情熱を、もう一度、取り戻さねばならないのです。セコマが、人口1200人の初山別村でコンビニを、ついに成立させた人々にも、本田宗一郎さんの夢と情熱とエネルギーがありました。このエネルギーは人口増大時代でない、減少時代でも健在なのです。日本各地の「スモール」に、この情熱とエネルギーを皆で持たせましょう。


各地の民家に、海外から友だちが来るようになり、アプリロボットの話すフランス語が聞こえます。庭先の小さな風力発電機の羽根が回っており、小川では小水力発電の水車がくるくる

まとめ

- 「地域全体のIoT」が地方創生のブレークスルーとなる
- 積極性とスモールの団結力こそ、活性化の源泉
- 小規模商圏でビジネスを成立させるロジスティクス改革
- スモール再生エネルギーと農業の親和性を活かす発想
- 伝える力が価値を倍増ー多言語対応アプリの使いこなしに地方創生消長のカギ
- 小規模組織の敏捷性が市場対応力を高める

回り、森のはずれを囲むように、太陽光発電パネルが並んでいます。ここは、自然エネルギー売電の先進地です。ここでの人々の収入の半分は売電収入です。そして、そのパネルの陰には、新たに開発した日陰でも実をつける果物が実っています。

家々の奥さんは、子育てが終わった後は、皆、スモールなベンチャービジネスの社長さんです。地域の名物を何かつくっています。友だちと一緒に設立したスモールなアパレル工場では、ロボット君が、どんどん、アパレルをつくっています。その色彩センスが凄いと、インターネットで注文がきています。

こんな、生き生きとした未来社会を、私は思い描いています。元気なスモールの集団で形成される日本の未来は、幸福で平和な国です。

（注1）AI：人工的にコンピュータの上で人間と同様の知能を実現しようとする試み。
（注2）IoT：（Internet of Things）：あらゆる「モノ」がインターネットのようにつながって、情報交換し相互に制御する仕組み。
（注3）参考文献1：日本経済新聞、2017年9月25日から引用。
（注4）セコマ：日本のコンビニエンスストアチェーン。主に北海道で展開。セイコーマート、1号店の開店は1971年で、セブン-イレブンよりも先行。わが国コンビニ業界最古参。本社、北海道（札幌市）。設立、1974年6月。2016年4月、商号を「セコマ」に変更。
（注5）参考文献2：日本経済新聞、2017年8月18日から引用。
（注6）参考文献3：pp.15～17。椎野 潤ブログ、太陽光発電 営農発電 日立キャピタル 大和ハウス工業、2017年9月7日。日本経済新聞、2017年8月30日から引用。

（注７）アプリ：アプリケーションソフトウエアの略。ユーザーが要求する情報処理を直接実行するソフトウエア。
（注８）参考文献４：日本経済新聞、２０１７年８月14日から引用。
（注９）参考文献５：日本経済新聞、２０１７年６月23日から引用。
（注10）参考文献６：日本経済新聞、２０１７年６月３日から引用。

参考文献

（１）椎野　潤ブログ「ＩｏＴ実験の街　産業育む　静岡　藤枝」２０１７年10月15日。
（２）椎野　潤ブログ「自前極め　北海道を制覇　コンビニ　セコマ」２０１７年８月27日。
（３）椎野　潤（２０１７年10月15日）「椎野　潤ブログ集　２０１７年９月号「日本の品質」を知る　サービス輸出の時代へ」メディアポート。
（４）椎野　潤ブログ「訪日客争奪　地方の魅力の紹介　誘客アプリ」２０１７年８月30日。
（５）椎野　潤ブログ「民泊に楽天　ＫＤＤＩ参入」２０１７年７月７日。
（６）椎野　潤ブログ「ご当地アパレル芽吹き始める」２０１７年６月13日。

第9回
ＩＴ時代のサプライチェーン・マネジメント改革
―企業連携を創る人間集団の形成法則を探る①

サプライチェーン・マネジメントの土台は企業と企業の連携にあります。しかも透明情報を共有できる信頼関係が欠かせません。そのような関係は、どう創ればいいのでしょうか。その突破口は、従来の商習慣を越えた意識でつながる人間集団の形成によるリードです。詳細を第9回・10回の2回にわたって解説します。

駄目な国に止まる世界各国　これを超えるアマゾンのＩｏＴ革命

２０１７年11月28日、静岡県の講演に行きました。その講演で、「日本は、林業で、ＩｏＴ

が確立する世界最初の国になれるでしょう」と言いました。何故なら、ＩｏＴのシステムの根幹をなす、ＡＩ情報システム「マキシエクスプローラ」(注１)と、これがつながる「マシン（機械）」の「林業会社の管理コンピュータ」と山の現地の「ハーベスタ」(注２)が、日本のコマツの子会社、コマツフォレストに既にあるからです。これを、住宅を建てる「顧客」「工務店」「大工」「プレカット工場」「製材工場」「素材生産現場」「土場」「山土場」、山の「伐採のハーベスタ」「運搬フォワーダ」、道路の「運搬トラック」、山の「育林作業者」に全部つなげば、「山〜家造りサプライチェーン」がすぐにできるからです。

そして「林業先進国でも、まだ、これはできていないのですから、日本が今、すぐやり始められれば、世界で一番になれるのです」と言ったのです。なぜ、「世界の先進国もできていないのか」と言うと、このネットワークをつないでも、その中を透明情報が流れる体制ができていないからです。すなわち、「透明情報を流せる人間関係」が、できていないのです。

「強い会社」と「駄目な会社」

これは、第４回の「要点４『すべての土台は透明情報』強い会社と駄目な会社」（pp.94〜95）

に書いた、駄目な会社の国家版『駄目な国』に、各国が止まっているからです。なぜ『駄目な国』から各国が抜け出せないでいるのか。それは国を構成する人が皆、「お金を稼ぐことを目指す会社（組織）に属する人たち」であり、「国民が、『お金を稼ぐ発想中心』になっているからです。問題の根元は、お金を稼ぐという発想にありました。この当然と思われる発想を直視する必要があることが分かりました。「お金を稼ぐこと」、すなわち「商い」を再考することが重要なのです。

ところで、世界の伝統的な「商い」を破壊している人がいます。ネット通販のアマゾンです。そこで、次は、アマゾンの話題から入りましょう。

米国企業　アマゾン恐怖症

日本でも、ネット通販と店舗商業の闘いは続いていますが、米国では、一層、激烈な闘いになっています。米国では、ネット通販のアマゾンの圧勝が続いています。このことを書いたブログ（注3、参考文献1）があります。このブログで引用している2017年8月19日の日本経済新聞を読みましょう。記事は以下のように書いています。

「アマゾン・ドット・コムの快進撃の陰で、業績と株価の低迷にあえぐ米企業が増えている。百貨店やスーパーだけでなく、生鮮品や衣料品、さらにはコンテンツ産業まで、アマゾンが進出する業界には、強い逆風が吹き荒れる。米国で『アマゾン・エフェクト』（注4）と呼ばれる現象は、どこまで飛び火するのか。膨張するガリバーへの恐怖が米国の産業界に広がっている」

米国でアマゾンは、いよいよ「膨張するガリバー」とまで呼ばれ、恐怖の的になっているのです。米国には、アマゾンの躍進によって、業績の悪化が見込まれる小売り関連銘柄を集めた「株価指数」まで出現しました。米投資情報会社ビスポーク・インベストメント・グループは、「アマゾン恐怖銘柄指数（デス・バイ・アマゾン）」の銘柄を発表しました。

このリストには、50社が名を連ねています。この中には、「ウォルマートとP&Gのサプライチェーン・マネジメント」でお話しした、世界最大のスーパー、ウォルマート・ストアーズ（注5）や大百貨店メイシーズ（注6）のような大企業も含まれます。このリスト内の企業の株価指数は、15%下落しました。米国株全体は、10%高で好調な経済の中での逆行安です。アマゾンの影響がいかに大きいかが、よくわかります。

特に百貨店は、打つ手がないようです。株式市場は、百貨店業界を見放しつつあり、失望売りが広がっています。米国の大手百貨店メイシーズの株価は、年初から40%、J.C.ペニー（注

7）は50％下落しました（注8、参考文献2）。

すなわち、アマゾンは、店舗商業を軒並み破壊しました。何故、伝統ある店舗商業は、アマゾンに破壊されたのでしょうか。店舗商業とは、店舗で「商い」をする事業です。これをよく理解するには、「商い」ということを、根本的に勉強し直した方が良さそうです。

商い―従来の基盤

このことについては、私の古い著作「顧客起点サプライチェーン・マネジメント」（注9、参考文献3）に書いてあります。今日は、この本を読むことにしましょう。

「商い」とは、品物の売買です。品物を誰かから買い、これを誰かに売って、その差益を得る行為です。買い手は、少しでも安く買いたいと思い、商人が買っている購入先から直接買いたいと考えたでしょう。これは、いつの時代でも、変わりはなかったのです。しかし、それにも関わらず、この商い者（商店）が必要だったのは、以下のような理由からでしょう。

（1）手に入りにくいものを商店が仕入れてくる。商店は、様々な品物の入手先を知っている（商品情報、生産者情報の独占）。

（２）近くに店があって、すぐ手に入る。遠距離、離れているところから、品物を入手することは困難だった。（ロジスティクスシステムの未成熟）
（３）気に入らないもの、気が変わった時など、取り替えてくれる。（サービスの柔軟性）
（４）信頼を得られれば、支払いを後にしてくれる。常に現金を所持しなくてもすむ。（資金立て替え・与信）
（５）情報が伝達されない、または伝達が遅いため、直接、遠くに買いに行っても、状況が変わっていることが多い。（遠距離情報伝達体制の未整備）

このような様々な理由から、幅広い情報と人脈を持ち、資金の立て替え能力のある商い者（商店）は、常に必要だったのです。（参考文献３、pp.１７２〜１７３）

アマゾンがやっていること―「商い」の従来基盤の崩壊

これに対しアマゾンが、やっているのは、次のようなことです。
（１）アマゾンは、ネット通販を通じて、人々に、居ながらにして、遠隔地のもの、発見の難しいところにあるものを、即座に検索し発見できるようにした。（情報の公開と検索機能

の劇的な強化）

（2）宅急便などにより、遠くにあるものを即座に配送を受け、人々に、手軽に入手できるようにした。（ロジスティクスシステムの整備）

（3）ネット通販の諸サービスにより、人々の気に入らないものを、仕方なく引き取らねばならないリスクを減少させた。（不満足品の交換・返却サービス機能）

（4）各種ファイナンスを普及させ、カードでの支払いをごく普通のものにした。（ファイナンス体制の整備）

（5）遠く離れたところの情報も、インターネット上の様々な方法により、明確に知ることができるようになった。（広域な情報の開示）

すなわち、アマゾンが、ネット通販で実現させた諸項目は、商店の存在基盤をなしていた前節の各項目と、すべて一致しています。このことから、商いの基盤は、根底から、崩されていると言えるのです。B to C（注10）で、個人顧客がインターネットを通じて、直接メーカーから商品を買えるようになると、基本的には、中間の商いの機能は、不要になっていくのです。

地球の温暖化が進んだ年のある日、そこに長い間、厳然として存在していた大氷河が、突然、大音響とともに崩壊する、と言うようなことが、もう起こり始めているのです。サプライチェーン・マネジメントにより、産業構造の改革が始まりました。（参考文献３、pp.１７３～１７６）

企業の実像―「情報を隠す」「駆け引きをする」という本能

商いを行う人は、商いで成果を上げるために、以下のような行為を行ってきました。

（１）差別化。他の人、他の企業と違う特徴を示す。
（２）情報を隠す。
（３）駆け引きをする。買い手と巧みな話をする。

ところで、このような行為は、本来は商いと関係ないはずの、企業内の部門間でも行われています。特に、情報を隠す、駆け引きをする等は、部門間で横行しており、これが大企業で働く人たちの大きな負担になっています。また、営業は当然のこと、駆け引きを目的として営業用に細工した（不透明な）情報を顧客のところへ持参しています。ここでも、少しでも安く買って高く売る、高く受けて、安く請け負わせるという基本が、脈々と生きているのです。すなわち、予算においてサバを読むだけでなく、時間もフカスなど、同様の発想の駆け引きが各所で行われています。

これは結局、人間という生物の集団の中で生き残る本能です。この本能は、企業と言う人間集団の根源をなしています。「当社も営利企業でございますので、儲けのないことはできません」とよく言われますが、このことからも、企業というものの実像が「商い」にあることを改めて認識させられます。

IoTでマイナス意識を断ち切れるか—「商い者」集団の改革

最初にお話しした先進林業国でも、まだ、IoTができていないというのは、どの国の企業も、「商い者」の集団だからです。
(1)駆け引きをして、木材価格相場で勝つ。
(2)手の内を知られると損だ。
(3)弱みを知られたくない。
このような意識が染みついている点では、林業先進国の企業も同様で、むしろ、日本よりも強烈だと聞きました。人間の本能に根ざすものですから、これを断ち切るのは大変なのです。ですから、人を透明情報でつなぐ、サプライチェーン・マネジメントは、それだけ難しいのです。でも、難しいけどできるのです。そして、できたグループは、圧倒的な勝者になるのです。（参考文献４、pp.１７６〜１７７）

アマゾンの流通改革―ロングテール効果

ネット通販が、店舗商業に比べて一番有利なところは、商品を並べる陳列棚の広さに制限がないことです。そのため、おびただしく多数の商品を、インターネット内の仮想商店に陳列することができます。

ネット通販の強みを示すものとして、「ロングテール効果」（注11）があり、今、マーケティングの専門家の間で注目されています。私たちが、経営管理を学ぶとき、最初に教わる手法に「ＡＢＣ分析」があります。すなわち、Ａランクは、良く売れる重要商品で、少ない品目で多量の売り上げがあります。Ｃランクは、おびただしい数の品目がありますが、ほとんど売れない商品です。Ｂランクは、その中間です。

左側にAランク、中間にBランク、右側にCランクを置き、販売量の多い順に、左から右へ並べます。すると、左上から急降下し、右下へ長く尾を引いた曲線が得られます。この形が、龍の尾に似ていますので「ロングテール」と言うのです。

経営管理で、まず、学ぶのは「Aランク中心に販売しなさい」「Cランクは無視しなさい」ということです。ところが、インターネット通販では、逆に、Cランクが重要なのです。「ロングテール効果」があるからです。

ロングテール効果では、販売機会の少ないCランク商品でも、アイテムを著しく多く集め、対象となる顧客の数を著しく増大させると、総体としての売り上げが大きくなることを言います。事実、成功しているネット通販では、Cランク商品の売り上げによる利益が絶大なのです。

見積り、掛け値単価と無縁なオンデマンド出版

しかし、このロングテール商品の取り扱いは、難しいのです。ネット通販では、注文を受けてから、すぐ届けることが重要です。ロングテール商品の在庫費を増やさずに、どうやって、すぐ届けるのかが難しいのです。理想的には全く在庫を持たず、注文を受けて、すぐつくって、

すぐ届けることです。アマゾンのオンデマンド出版（注12）などは、その典型例です。

私は、自著の出版にオンデマンド出版を愛用しています。これは完全な注文生産です。本を買いたい人が発注をクリックすると、即座に「発注が確定しました」と出ます。すぐ、メールを見ますと、「本の発注を承りました」「明日、お届けします」とメールが来ています。

ここでは、見積りは出しません。従って、駆け引きして、掛け値の単価を出すことはありません。人間の本能の欲を発揮する場はないのです。発注者が発注したあと、本の印刷が始まります。製本されて届けられます。午前中に発注すると、夕方、本が届きます。ここで買う者と売る者の間に、情報を隠す、駆け引きする。買い手に巧みな話をするというような「商い」の行為は、煙のように消えています。

言葉巧みに話す「商い」より、「商行為」が消えたシステムの方が、コストが安く競争力があり売れるのです。それがサプライチェーン・マネジメントです。

ダイレクト取引への改革の努力

でも、アマゾンのネット通販は、すべてのものが、顧客とメーカーの間で、直接取引になっているのでしょうか。そのような「ダイレクト取引」が増えていると思いますが、まだ、できていないものも多いのです。

実は、書籍は、その代表です。書籍は途中に出版取次（注13）がいて、ここを通さないと、本は買えないのが原則になっています。アマゾンは、そこを改善しようと努力しています。これについては、私はブログで2度書いています。ここでは、それを読んでみましょう。

最初は、２０１７年3月31日のブログ（注14、参考文献4）です。この時アマゾンは、取り次ぎを介さない出版社へは、アマゾン自身の車で本を取りに行くことを始めています。アマゾンは、「本は、発売当日に配達する」のを原則にしていました。しかし、物流機能の乏しい小規模な出版社の本は、アマゾンの物流センターへの到着が、出版日に間に合わず、出荷が遅れていました。それをミルクラン（注15）でアマゾン自身が、出版社へ取りに行って、間に合うようにしたのです。

次は、２０１７年5月14日のブログ（注16、参考文献5）です。この時から、大手の出版取次、日本出版販売（注17）に、出版日に在庫がないものは、直接、出版社に取りに行くことにしています。アマゾンは「顧客との約束は必ず守る」という大原則を掲げ、書籍の流通が障害になる場合には、それを外すという形で、一歩一歩前進しています。

しかし、この書籍の場合、在庫問題は解決していません。オンデマンド出版と違い、出版社には、多量の在庫があるはずです。

このような状況は、本ばかりでなく、他にも、まだ沢山あるはずです。しかし、アマゾンが、翌日配送を、当日配送、２時間後配送と、納入時間を縮めて行った結果、途中で在庫を持つ姿は、かなり減っていったと思われます。それが、アマゾンの商品競争力を強めると同時に、納入していた小企業の競争力を高めました。

ＡＩ、ＩｏＴを使ったスマートファクトリー　「駆け引き」をしている時間はない

今、日本中で、ＡＩ（注18）、ＩｏＴ（注19）を使った「スマートファクトリー（注20）」と呼ぶ、生産と在庫システムの改善が行われていますが、アマゾンの納品時間の短縮による、サプライチェーン・マネジメントの自然形成の効果が、実は大きかったと、私は見ています。客から朝

まとめ

- 透明情報を流せる人間関係はあるか
- 情報・手段の独占による優位の崩壊という現実
- 「隠す」「駆け引き」意識の呪縛から逃れる術とは
- ロングテール効果を生かす発想
- 「従来型商行為のないシステム」が持つ高い競争力
- サプライチェーン・マネジメントは駆け引きする時間を許さない

来た注文を午後届ける仕事で、その途中で「駆け引きの会話」をしている時間の余裕はないからです。

すなわち、アマゾンの納品時間の短縮は、途中の「商い者」の古い意識を破壊する戦略でした。そして、行き着く先は、「商い者」に染みついた意識を持たない「ロボット」への交代です。

今日、見てきたように、アマゾンは、サプライチェーン・マネジメントを、既に実践していました。「アマゾン・エフェクト」は、「商流」「流通」の改革を成し遂げ、サプライチェーン・マネジメントを既に実施しているアマゾンと、商流構造と運営は従来のまま放置し、ネット通販のシステムだけを付けている企業との闘いでした。ここでの勝負の結末は、最初からわかっていたことなのです。

サプライチェーン・マネジメントは、圧倒的に強いのです。アマゾンのＩｏＴ革命は強いのです。林業も、すぐ、やらねばなりません。でも、本当にできるのでしょうか。これは第10回でお話しします。

（注１）マキシエクスプローラ：コマツの子会社、コマツフォレストの保有するハーベスタに搭載されているコンピュータアプリケーション。林業機械のコントロールだけでなく、「生産材と生産情報」について、山の林業機械と林業会社の情報端末の間で、データ送受信を行う。

（注２）ハーベスタ：伐採を行う林業機械。木材伐採機。

（注３）参考文献１：日本経済新聞、２０１７年8月19日から引用。

（注４）アマゾン・エフェクト：英語を直訳すると「アマゾンの影響」：「米国では、アマゾンが進出する業界には、強い逆風が吹き荒れる」この現象を示す言葉。

（注5）ウォルマート・ストアーズ：世界最大のスーパーマーケットチェーン。売上高世界最大の企業。本社、米国（アーカンソー州）。設立、1969年10月。

（注6）メイシーズ：全米最大の百貨店チェーン。本社、米国（オハイオ州）。設立、1858年。

（注7）J．C．ペニー：米国の大手百貨店チェーン。衣類と家具で首位のオンラインショップ。本社、米国（テキサス州）。設立、1902年。

（注8）参考文献2：日本経済新聞、2017年8月12日から引用。

（注9）参考文献3：早稲田大学学術出版補助費交付書籍。

（注10）B to C：ビジネス・トウ・カスタマー。企業から顧客への直接アプローチを示す。

（注11）ロングテール効果：インターネットを用いた物品販売において、発揮される効果。販売機会の少ない商品の、アイテム数を著しく大量に集め、対象とする顧客の数をおびただしく多数にすることで、総体の売り上を巨大化する効果。事実、成功しているインターネット通販では、販売機会の少ないCランク商品の販売による収益が、著しく大きい。

（注12）オンデマンド出版：オンデマンド印刷での出版。オンデマンド印刷とは、要求があり次第、迅速に印刷する方法。

（注13）出版取次：出版社と書店の間をつなぐ流通業者。

（注14）参考文献４：２０１７年3月22日、日本経済新聞から引用。

（注15）ミルクラン：物流方式の1つ。日本語では巡回集荷。牛乳業者が酪農家と酪農家との間を牛乳を引き取るようになぞらえた用語。

（注16）参考文献５、２０１７年5月2日、日本経済新聞から引用。

（注17）日本出版販売：日本の出版物（書籍・雑誌）の取次会社。略称は「日販」（にっぱん）。日本において、トーハンと並んで二大出版取次会社の1つ。本社、東京（千代田区）。設立、１９４９年9月。

（注18）ＡＩ：人工知能。人工的にコンピュータの上で人間と同様の知能を実現しようとする試み。

（注19）ＩｏＴ：（Internet of Things）：あらゆる「モノ」がインターネットのようにつながって、情報交換し相互に制御する仕組み。

（注20）スマートファクトリー：本来は、ドイツ政府が提唱するインダストリー４・０を具現化した形の先進的な工場のことを指す。近年のスマートファクトリー化とは、単に工場の改革だけでなく、産業、社会、人のコミュニケーションの改革に至るまで、ＡＩとＩｏＴを用いた改革のすべてを呼んでいる。

参考文献

（１）椎野　潤ブログ「米国企業　アマゾン恐怖症　ウォルマート純利益23％減益」２０１７年8月23日。

（2）椎野　潤ブログ「米国百貨店　業績悪化が続く」２０１７年8月22日。
（3）椎野　潤（２００３年11月20日出版。）「顧客起点サプライチェーンマネジメント　日本の産業と企業の混迷からの脱出　その道を拓く『建築市場』」流通研究社。
（4）椎野　潤ブログ「アマゾン　本　直接集配　取次・書店介在させず」２０１７年3月31日。
（5）椎野　潤ブログ「アマゾン　出版と直取引　売れ筋以外も迅速配達」２０１７年5月14日。

第10回
ＩＴ時代のサプライチェーン・マネジメント改革
―企業連携を創る人間集団の形成法則を探る②

日本の大企業のサプライチェーン・マネジメントへの挑戦から学ぶ

第９回では、アマゾンが、長い歴史の中で培われてきた店舗商業を破壊し、人工知能（ＡＩ）とＩｏＴを駆使したネット通販産業中心の産業に変えている「産業革命の姿」を書きました。そして、アマゾンのネット通販の商流の中では、商《あきな》い人《にん》の根っことも言える「駆け引き」をして「儲ける」という「商いの本能」は、煙のように消えていました。この中には事実上、サプライチェーン・マネジメントの機能が、既に実働していました。

でも、皆さんの仕事を、それに習って、すぐに、そのようにすることは難しいのです。アマゾンのネット上に、商品を載せて売れるものがあれば、その対応はできますが、それができないものは、この仕組みを直接、取り入れることは難しいのです。

しかし、とても良い対策があります。世界の先進企業は、企業グループ内で、サプライチェーン・マネジメントを実現したいと、長い間、苦闘してきました。その社内改革を、参考にして、産業レベルの改革を考えるのは、とても有効なはずなのです。

すなわち、日本の大企業がサプライチェーン・マネジメントをどのように確立して、社内を透明情報の流れる世界にしてきたかを、見るのが一番良いのです。

私は、産学協同研究会で各社の挑戦の歴史を見て、聞いてきました。その記録を書いたブログを読んで、記述していってみましょう。

日産自動車　物流管理部からSCM（サプライチェーン・マネジメント）本部へ

私は、長期にわたって、早稲田大学ネオ・ロジスティクス共同研究会（注1、12・参考文献10）で、日産自動車とロジスティクスの研究を進めてきました。この間に日産自動車は、世界の日産に大飛躍しましたが、全社の横串の総合機能として、ロジスティクスの役割は大きかったのです。私は、「現代林業」の連載を始めた時、真っ先に、日産の物流管理部がＳＣＭ本部に変わったことを書きました（注2、参考文献1）。

今日、参照している資料（注3、参考文献2）では、日産自動車の社内の発展過程を、以下のように書いています。

１９８０年～２００１年。この時期に次のようなことがありました。

(1) 物流管理部ができました。

(2) 物流費予算を一元化し、物流管理部を頂点に各部門の物流費の予算管理を統一しました。

２００２年～２００４年。この時期に、次のようなことがありました。

(1) ＳＣＭ（サプライチェーン・マネジメント）本部を設立しました。

(2) 生産管理、ロジスティクスのシステム機能を、ＳＣＭ企画部に統合しました。

(3) ＳＣＭ企画部の部長に、はじめて、英国人が就任しました。

また、次のように書いています。

日産のＳＣＭは、生産部門の中にあるのが特徴です。物づくりと一緒にやるＳＣＭです。ＳＣ

M本部と並んで、生産事業本部があり、ここは、20数拠点の工場を統括しています。

これは最近、明らかになった、人間の体の制御構造とよく似ています。人体は、すべて、脳が命令を出すのではなく、心臓や腎臓など、体を維持する各臓器が、情報を交換し、人間という全体を制御しているのです。日産の管理構造も同じです。

三菱電機　全社の統一的連携を粘り強く説得

三菱電機は物流（ロジスティクス）（注4）に関しては、以下のように言っています（注5、参考文献3）。

従来は、物流というと、出荷物流を指していました。現在は、調達物流および生産物流まで展開しています。顧客から調達に至る一連の最適化を目指しています。物流の改善については、なぜ、物流改善が必要なのか、昔は、無関心でした。近年、物流改善は、利益を生むという認識がでてきました。設計段階の原価低減や生産・技術の改善活動が限界にきている今は、これをやらなければ、生き残れないと思われるようになりました。

そして、物流改善の進め方の手順を、以下のように示しています。

（1）皆に関心を持たせる。
（2）見える化する。（例えば、グローバルに展開する各工場在庫データを見える化）
（3）できることから、即実行する。
（4）お金をかけずに、手間をかけて行う。
（5）会社への貢献を説明して、関連部署に、連携の強化を粘り強く説得する。
（6）トータルで見た利益を、皆で見る。

ここで、「会社」「関連部署」の語を、「グループ全体」「関係者」と置き換えてみると、林業・素材生産の小企業グループの改革でも、同じことだということがわかるでしょう。ここでは、「見える化」が最重点項目です。

小規模自律分散システム―横浜ゴムのスモールな工場づくり

従来のタイヤの製造工場は、大規模工場の発想でした。アメリカに、大規模工場をつくりました。黒字にするのに20年かかりました。この間に産業構造が大きく変わりました。大規模工場の方が投資効果が良いと思っていたのですが、実は投資の回収年数が長いのです。産業構造の変化への対応も、遅れてしまいました。

林業関係でも、最近、大型合板工場や、製材工場ができています。大きい工場は、生産性が上がり、コストも低減します。大型化のメリットは大きいのです。でも、すべて大きくするのが良いわけでもないのです。大きい工場には難しい点もあります。

大きいのが最高と言われていた2012年に、横浜ゴムは、小さい方が良いところもあるという、貴重な主張をし実践していました。それは、それまで、工場づくりの専門会社に依存していた常識を打破して、自社の生産技術部門がつくった、小規模でもコストが高くならない独特の工場づくりです。様々な工夫を凝らしています。

特色、目的は以下のとおりです。

・売れるだけつくる小規模工場。設備投資は、1~2年で回収できる。
・小規模工場を連合させて、大規模生産とする小規模自律分散システムを考えた。
・「有能な人材」ー小規模生産で優れた人材が育つ。知的財産でもある。
・ITがキーワードー小規模工場群は管理分散・コスト増を招きやすいが、ITにより情報共有、協調化が可能で、管理コスト増にはならない。

リスク管理経営から見た小規模のメリットは、

・「売れるスピードに合わせた工場」では、売れ残りがない。
・小規模は、工期が短く、生産立ち上げが早く、資金回収も早い。
・短期間で立ち上がるので、市場の売れ筋が変化しないうちに、立ち上がる。
・グローバル展開は、地域別に小規模工場をつくる。環境変化が起きれば、移設すれば良い、

など。

工場生産化は、まず、少品種多量販売できる商品の工場から、始められます。でも、これが一段落すると、多品種少量生産品が残り、段々、難しくなります。林業・木製品産業はこれからですが、これからは多品種少量生産の木製品づくりが中心になっていきます。ですから、ここでは最初から、この横浜ゴムの事例を参考にした方が良いでしょう。でも、この講演は5年前のものです。その後、ＡＩ、ＩｏＴの凄い進展がありました。状況も随分、変わりました。でも、基本は同じです。実際、林業・木製品産業の工場づくりをしたいと思われている方は、ここで引用している資料（注6、参考文献4）を、お読みになることをお薦めします。

カゴメ　天然資源加工食品のSCM（サプライチェーン・マネジメント）

カゴメは、トマトケチャップでお馴染みの加工食品の会社です（注7、参考文献5）。この会社は、創業1899年（明治32年）、今から112年前、創業者蟹江一太郎氏によって、創業されました。創業当時は、自宅の納屋で、トマトソースを製造していました。カゴメは、このような業種で、SCMを熱心に推進している企業として有名です。

カゴメは開かれた企業です。「自主活力あふれる職場」を目指しています。「フリーアドレスの執務室」です。オフィスは、どこに座ってもよいのです。机には、引き出しがないのです。パソコンがなければ、仕事ができないのです。

〈SCM部の変遷〉

当初、営業部物流課。1991年、物流部。営業部門より独立しました。1998年、ロジスティクス部、全社、最適需給を目指して改称しました。2005年、SCM（サプライチェーン・マネジメント）部、生産部門から移管しました。生産計画が生産部門から人ごと移動しました。カゴメは、2005年に、サプライチェーン・マネジメントの真髄を理解し、組織化しました。日本のサプライチェーン・マネジメントの先覚者です。

〈ＳＣＭ部門のミッション〉

運営方針、ＳＣＭ需給・ネットワーク革新をすすめ、市場／社会／環境に適応した、高品質で低コストなサプライチェーンを構築します。

〈食品産業の共同配送〉

カゴメ、ミツカングループ、日清オイリオグループの３社が「食品メーカー共同配送研究会」を１９９５年に発足させました。物流の効率化、物流部門のブランド価値（安全・信頼・品質保証）の追求に、３社で取り組みました。全国８つのエリアで、共同配送を展開しました。いつも、いろいろなことがあり、苦労していました。３社で力を合わせて、ここまで来ました。

これから、木製品、内装用木材の生産の工業化を進めるとすれば、その販売は、極めて多様になるでしょう。カゴメも、各工場では、一部の商品しかつくっていないのです。それを物流拠点に運び、荷合わせして得意先に搬入しています。内装材工業化については、このような業界を参考にすると良いと思います。

クリナップ　サプライチェーン・マネジメントの理想生産

ここまでに、様々な企業のサプライチェーン・マネジメントの改革を見てきましたが、その全体を見て最優秀生は、流し台をつくっている「クリナップ」でしょう。クリナップは、全社が、1つの方向を向いて団結し、自己完結、自律分散型のビジネスモデルをつくり上げました。それは、以下のような、ビジネスモデルです。

(1)受注したら、営業支援システムに入力する（担当、営業）
(2)生産指示カードを、リアルタイムに出力する（生産）
(3)出荷便順に生産着工順を組む（生産）
　生産指示カードを差し立て版に入れる。引き抜いた時に、生産順序が決定する
(4)生産順位の通り、調達、生産する（資材、生産）
(5)納品予定日に合わせて、輸送・配送をする（物流）

ここでは、営業がお客様と契約したデータが、客の面前で、コンピューターに入力され、生

産着手指示として、生産に伝わります。客先と約束した取り付け日、時間から逆算して、生産が行われます。ここでは、部門間の「駆け引き」は、全くありません。情報の隠ぺいもありません。商《あきな》い者《もの》の本能は消えています。

さらに、ここでは全く無駄がないのです。生産された商品の在庫は皆無です。工程の途中にもありません。部品納品業者の工場にも、倉庫にもありません。

また、ものを運ぶ時は、共同配送をしています。ここで行われる異業種・同業他社との協同配送は、単なる輸送費の削減以上のものを、もたらすのです。すなわち、社風の異なる企業同士の連携が、激しい経営環境の中で企業が生き残っていく「外に開けた企業文化」を育てるのです。これが強い会社強い社員をつくる重要な鍵なのです。

これらの結果、以下のような大きな成果を生みました。売上高は、４８３億円から、９８８億円になり、２倍になりました。しかし、棚卸資産は、82.9億円が、14.9億円と１／６に減りました。また、棚卸回転期間は、46日から、６.７日になり、１／12になりました。売上高物流比率は、７.９％が、５.７％になり、23％減少しました。

林業・木材産業では、「木材は在庫するほど、自然乾燥して良い木になる。だから特別だ」「林業では、在庫は良いのだ」と言う人がいます。そんなことを言っていたら、クリナップのような改革はできません。

自然乾燥は、「在庫」ではなく、「加工」です。3カ月間とは長い加工期間ですが、それでも、1日も狂わせずに完了させねばなりません。クリナップの思想を徹底するのです。

例外の「乾燥加工」を除いて、すべての動きを最短化するのです。(注8、9、10・参考文献6、7、8)。

日本3PL協会　情報プラットフォーム

ロジスティクスを語るとき重要な言葉に、3PLがあります。これは、サード・パーティ・ロジスティクスの頭文字です。3PLは、国土交通省の総合物流大綱では、以下のように、定義しています。「荷主企業に代わって、最も効率的な、物流戦略の企画立案や物流システムの構築の提案を行い、かつ、それを包括的に受託し、実行すること」。

すなわち、3PLは、戦略的なロジスティクスを実行して、荷主を助ける存在です。最初、大企業の中にあった「物流部」が分離され、次第に成長し、やがて、特定の企業のロジスティクスを担うだけでなく、第三者として独立し、各社のロジスティクスの戦略の立案と実行を指導し、自ら代行するようになったものです。この講演記録（注11、参考文献9）は、２０１１年当時、日本3ＰＬ協会の専務理事をされていた加藤進一郎さんのものです。加藤さんは、本来の3ＰＬについて、「全体最適化、物流診断、物流コスト分析、受発注代行、代金回収代行、ここでは、戦略的課題に対応する」と述べておられます。

結局、これに仮想商店街で売る機能を加えると、大体、現在のアマゾンになるのです。なお、3ＰＬの実行レベルは、流通加工、梱包、輸送、保管、在庫管理、荷役、返品・回収であると述べられていますが、結局、ロジスティクスでは、流通加工が大きいのです。すなわち、森から家造りまでを、ロジスティクスで考えますと、その流通加工は、丸太切断、自然乾燥、製材、プレカット、現場建て方が全部含まれ、これをＡＩ、ＩｏＴで実施するには、各過程を連携する、スマホアプリが必要になります。

さらに加藤さんは、以下のように言われています。「これまでプロダクトアウトから、マーケットインへと展開してきた。このマーケットインが、さらに、マーケットアウトの時代に移ってきている。すなわち、顧客との共同開発の時代である。これは『顧客視点』から『顧客起点』への転換である。ここでは『お客様のために』が、『お客様の立場で』に変わっている。これは、お客様の中に入って、お客様とともに、問題、課題を共有し、行動を起こすことの実践である。」

林業～家造りサプライチェーン・マネジメントでも、家造りは、まさにそのものです。「家族の未来を考えて」「家族と一緒に家族の家を考える」のです。これが原点です。

日本を代表する大企業のサプライチェーン・マネジメントの構築

今回は、日本を代表する大企業のサプライチェーン・マネジメント（ＳＣＭ）の構築について、お話ししてきました。このようなグローバル大企業は、世界各国に支社を持ち、地域間、部門間（開発・設計、製造、調達、物流、営業間）での対立が起きやすいのです。本当の情報は隠ぺいして遮断し、駆け引きして、自部門に有利なように折衝します。私の連載で、お話しした「強い会社」「駄目な会社」で言うと「駄目な会社」になりやすいのです。今回、ご紹介した会社は、その壁を乗り越え、透明情報が全社に流通する「強い会社」になっていました。

このようなことが実現している会社は、現在のＡＩ、ＩｏＴの追い風に乗って、ますます、成長し強くなっていくでしょう。なぜかと言えば、人間の本能である「情報を隠ぺい」し「巧みな言葉」を使って、「駆け引き」する「商い人《あきなにん》」の根性による社内闘争を、克服しているからです。それはサプライチェーン・マネジメントの功績です。

やるべきことは山ほどある、今、すぐ始めよう

森林〜家造りサプライチェーンの構築では、このような大企業より、小企業や一人親方のような人たちの集団が多いのでしょう。特に、森林作業、素材生産や住宅建設などの、サプライチェーンの両端は、特にその傾向が強いと思います。しかし、やるべきことは同じなのです。三菱電機がやっていたように

（1）皆に関心を持たせる。
（2）見える化する（見えないところを探す）。
（3）できるところから、今、すぐ実行する。
（4）お金をかけずに、手間をかけて行う。
（5）グループ全体の利益を、よく説明して、皆に、まとまろう、つながろうと粘り強く説得する。
（6）トータルで見た利益を皆で確認する。

をすぐにやれば良いのです。

まとめ

- 「物流改善は利益を生む」がコスト削減の限界を救う
- 小規模生産の自律分散システムは、大規模より優位に立てるか
- 小規模生産に必須の現場力が人材を育てる
- 社風の異なる企業の連携が強い会社を創る
- マーケットインからマーケットアウト・顧客と共同開発へ向かう
- 透明情報が「駄目な会社」を変える

それも、SCM（サプライチェーン・マネジメント）の担当を決めるのではなく、一人一人、全員がやればよいのです。小さい企業・集団は、大きい企業に比べると、改革は格段に楽なのです。

必要なのはただ1つ「やる気」だけです。今すぐ、始めてください。皆が、ここで一歩を踏み出してくれれば、林業～家造りサプライチェーングループは、「進化を目指す社風が消えた会社」のようになるのではないかと心配した、私の危惧も、煙のように消えていきます。どうか、頑張ってください。

(注1)早稲田大学ネオ・ロジスティクス共同研究会：早稲田大学に、１９９６年に、高橋輝男教授（現在、名誉教授）によって、設立されたロジスティクスの産学協同研究会。

(注2)参考文献1、pp. 27。

(注3)早稲田大学ネオ・ロジスティクス共同研究会、２０１１年９月例会講演記録。

(注4)物流（ロジスティクス）：現在、ロジスティクスと呼ぶ語を、当時、物流と呼ぶ人が多かった。原文が物流とある場合は、初出、物流（ロジスティクス）と記し、以降、物流と記す。

(注5)早稲田大学ネオ・ロジスティクス共同研究会、２０１２年３月例会講演記録。

(注6)早稲田大学ネオ・ロジスティクス共同研究会、２０１２年２月例会講演記録。

(注7)早稲田大学ネオ・ロジスティクス共同研究会、２０１２年１月例会講演記録。

(注8)早稲田大学ネオ・ロジスティクス共同研究会、２０１１年10月例会講演記録。

(注9)早稲田大学ネオ・ロジスティクス共同研究会、２０１３年６月例会講演記録。

(注10)早稲田大学ネオ・ロジスティクス共同研究会、２０１３年７月例会講演記録。

(注11)早稲田大学ネオ・ロジスティクス共同研究会、２０１１年９月例会講演記録。

(注12)参考文献10は、高橋輝男（執筆当時、早稲田大学教授、出版時、名誉教授）が執筆。早稲田大学ネオ・ロジスティクス共同研究会のメンバーが支援執筆。筆者も参加。

参考文献

(1)椎野 潤（2017）「林業改良普及双書№186椎野先生の『林業ロジスティクスゼミ』ロジスティクスから考える林業サプライチェーン構築」、全国林業改良普及協会。
(2)椎野 潤ブログ「日産自動車におけるロジスティクス活動最新事情」2011年9月18日。
(3)椎野 潤ブログ「三菱電機の物流改革」2012年3月23日。
(4)椎野 潤ブログ「（強い小さな）小規模工場づくり広報の一考察」2012年2月27日。
(5)椎野 潤ブログ「カゴメにおけるロジスティクスについて」2012年1月19日。
(6)椎野 潤ブログ「クリナップグループが目指すサプライチェーンマネジメント」2011年11月3日。
(7)椎野 潤ブログ「サプライチェーンロジスティクスの経営戦略」2013年6月23日。
(8)椎野 潤ブログ「サプライチェーン・ロジスティクスシステムの構築、クリナップの事例（その2）」2013年7月3日。
(9)椎野 潤ブログ「3PL活動の変遷と将来展望」2011年9月17日。
(10)高橋輝男＋早稲田大学ネオ・ロジスティクス共同研究会（2005年8月6日）「ロジスティクスイノベーション」白桃書房。

あとがき

月刊「現代林業」に10回の連載を書いて、世界は、まさに激動の時代だということを痛感しました。それも、その変化の速度は、刻々と加速しています。日本の先端企業は、頑張っていますが、世界の変化の速さに、ついていくのが、やっとの状況になってきています。私は、この世界の動きを追って、毎日ブログを書いていますが、それを書いていますと、この変化の加速が、よくわかります。

1年前に、この連載を始めた頃は、日本勢は、まだ、余裕を持って先陣争いをしていました。しかし、最近は、だいぶ、様子が違います。マラソンの先頭集団の最後尾につけていた日本勢が、だんだん、引き離されて、必死について行っている姿が、眼に浮かびます。「頑張れ日本。ここで引き離されたら、もう追いつけなくなるぞ。」私のブログも、そんな文調が増えています。

こんな中で、日本の産業の中で林業は、若く勢いの良い走者なのです。戦後、70年にわたり、木を植え続け、その木は、今や成木になり、森を埋めつくしているのです。天の富を背にして、今、勢い良く飛び出そうとしているのです。

私は、連載の中に、ブログを沢山、引用していました。そのためか、「現代林業」の私の連載の読者の中に、私のブログファンが増えてきていました。私は、２０１７年11月から、新たなブログシリーズを開設しました。これを「ガイア仮説（注1、2）シリーズ」と呼び、毎月、数回、書いています。

このガイア仮説というのは、イギリスの科学者、ジェームス・Ｅ・ラヴロックが提唱したもので、「地球は、生きている巨大な生命体である」、「人間は、その地球を宿主にする寄生生物である」、「人間が、宿主の地球を殺せば、寄生している人類も絶滅する」と警告しています。ラヴロックは、この生きている地球を「ガイア」と呼んでいます。そして、ガイアが生きていく上で、鍵を握るのが「森」なのです。

具体的に現場で、実践しようとしている方から、お手紙もいただきました。私は、北信州森林組合と、静岡県について、ブログを書いています。

また、この連載を書きながら、マラソンのトップ集団の後方を走り、追いかけてくる中国などに、抜かれまいと頑張っている今の日本よりも、マラソンのトップ集団の先頭を走り、世界記録の樹立を目指していた時代の日本の闘志とエネルギーを、思い出しておく方が良いと思いました。
そして長い間、早稲田大学で最先端を切って進めていた、サプライチェーン・マネジメントの構築を、思い出したのです。その時の記録を、私はブログに遺していました。その頃、各社は、事業が、世界各国に広がり、急速に、社内の情報流通が、難しくなっていました。この中で、部門間、海外拠点との間に生じてくる壁を打破し、透明情報が流通する、社内サプライチェーン・マネジメントの構築に、死力を尽くしていたのです。そして見事に、この壁を超えました。これを、新しい産業を創生し、世界に拡大して行こうとしている、今の林業の方々に紹介しておくのも、有益だと気がつきました。２０１１～２０１３年の日産自動車、三菱電機、横浜ゴム、カゴメ、クリナップの各社の死力を尽くした努力の様子を、この連載の最終回に掲載しています。

ここでの企業内の改革を、小企業の集まる産業の問題として読み替えれば、日本の林業の創生に、大いに参考になります。この先輩の歩いた道をたどり、今、すぐ行動に移さねばなりません。私の参加できることは、ブログでの情報交換と課題の掘り下げです。月刊「現代林業」

の編集部（全国林業改良普及協会）を通じて、情報を送ってください。私は、それに基づいてブログを書きます。皆さん一緒に、新しい道を歩み始めましょう。

２０１８年2月　椎野　潤

（注1）ガイア仮説ブログ参考資料：椎野潤著：月刊／椎野潤ブログ集、２０１７年11月号、人・社会・経済の「健康」創造～ガイア仮説による再検証～、メディアポート、２０１７年12月15日。pp.24～30、35～41。

（注2）ガイア仮説ブログ参考資料：椎野潤著：月刊／椎野潤ブログ集、２０１７年12月号、「夢に満ちた国」づくり～森と歩む未来社会～、メディアポート、２０１８年1月15日。pp.35～41、52～60。

な行

は行

た行

索　引

椎野　潤　しいの・じゅん

1936年、東京都生まれ。早稲田大学大学院アジア太平洋研究科（MBA）教授、早稲田大学建築市場研究会主宰、NPO法人「建築市場研究会」理事長、早稲田大学建設ロジスティクス研究会主宰等々を経て、現在、椎野ロジスティクス研究所所長、椎野塾塾長。工学博士。

日本のロジスティクス研究のフロンティアであり第一人者として活躍してきた。近年は日本の森林・林業・木材産業の発展に情熱を注いでいる。

著書に『日本再生、モノづくり時代のイノベーション、ＭＯＴ時代へのシナリオ』（共著、早稲田大学ビジネススクール編　生産性出版　2003年）、『ビジネスモデル「建築市場」研究-連携が活性を生む』（日刊建設工業新聞社　2004年）、『建設業の明日を拓くⅢ、山と森と住まい－林野と共生する家づくり』（メディアポート　2008年）、『改訂増補版　日本国産材産業の創生 森林から製材、家づくりへのサプライチェーン』（堀川保幸と共著　メディアポート　2016年）、『日本木材輸出産業の船出～スギとヒノキと共に日本人の心を世界へ～』（酒井秀夫、堀川保幸と共著　メディアポート　2016年）、『月刊　椎野潤ブログ集　2017年9月号「日本品質」の実力を知る サービス輸出の時代へ』（メディアポート　2017年）、『月刊　椎野潤ブログ集　2017年10月号 姿を見せる次世代型ＡＩが創る進化形』（メディアポート　2017年）、『月刊　椎野潤ブログ集　2017年11月号 人・社会・経済の「健康」創造　ガイア仮説による再検証』（メディアポート　2017年）、『月刊　椎野ブログ集　2017年12月号「夢に満ちた国」づくり／森と歩む未来社会』（メディアポート　2018年）ほか多数。

林業改良普及双書　No.189

続・椎野先生の「林業ロジスティクスゼミ」
IT時代のサプライチェーン・マネジメント改革

2018年3月15日　初版発行

著　者 —— 椎野 潤
発行者 —— 中山 聡
発行所 —— 全国林業改良普及協会
〒107-0052 東京都港区赤坂1-9-13 三会堂ビル
電 話　03-3583-8461
FAX　03-3583-8465
注文FAX　03-3584-9126
H P　http://www. ringyou. or. jp/

装　幀 —— 野沢清子（株式会社エス・アンド・ピー）
印刷・製本 — 松尾印刷株式会社

ISBN978-4-88138-356-8

一般社団法人 全国林業改良普及協会（全林協）は、会員である都道府県の林業改良普及協会（一部山林協会等含む）と連携・協力して、出版をはじめとした森林・林業に関する情報発信および普及に取り組んでいます。
全林協の月刊「林業新知識」、月刊「現代林業」、単行本は、下記で紹介している協会からも購入いただけます。
http://www.ringyou.or.jp/about/organization.html
〈都道府県の林業改良普及協会（一部山林協会等含む）一覧〉

全林協の月刊誌

月刊『林業新知識』

山林所有者の皆さんとともに歩む月刊誌です。仕事と暮らしの現地情報が読める実用誌です。

人と経営（優れた林業家の経営、後継者対策、山林経営の楽しみ方、山を活かした副業の工夫）、技術（山をつくり、育てるための技術や手法、仕事道具のアイデア）など、全国の実践者の工夫・実践情報をお届けします。

B5判　24頁　カラー／1色刷
年間購読料　定価：3,680円（税・送料込み）

月刊『現代林業』

わかりづらいテーマを、読者の立場でわかりやすく。「そこが知りたい」が読める月刊誌です。

明日の林業を拓くビジネスモデル、実践例が満載。木材生産流通の再編、市町村主導の地域経営、山村再生の新たな担い手づくり、林業ICT、サプライチェーン・マネジメントなど多彩な情報をお届けします。

A5判　80頁　1色刷
年間購読料　定価：5,850円（税・送料込み）

＜お申込み先＞

各都道府県林業改良普及協会（一部 山林協会など）へお申し込みいただくか、オンライン・FAX・お電話で直接下記へどうぞ。

全国林業改良普及協会

〒107-0052　東京都港区赤坂1-9-13　三会堂ビル　TEL 03-3583-8461
ご注文FAX 03-3584-9126　http://www.ringyou.or.jp

※代金は本到着後の後払いです。送料は一律350円。5000円以上お買い上げの場合は無料。
ホームページもご覧ください。

※月刊誌は基本的に年間購読でお願いしています。随時受け付けておりますので、お申し込みの際に購入開始号（何月号から購読希望）をご指示ください。